**R.-E. MATILLON**

DOCTEUR EN DROIT

AVOCAT A LA COUR D'APPEL

LES

# SYNDICATS OUVRIERS

# DANS L'AGRICULTURE

PARIS

BONVALOT-JOUVE, ÉDITEUR

15, RUE RACINE, 15

1908

**E. MATILLON**

DOCTEUR EN DROIT

AVOCAT A LA COUR D'APPEL

LES

# SYNDICATS OUVRIERS

# DANS L'AGRICULTURE

PARIS

BONVALOT-JOUVE, ÉDITEUR

15, RUE RACINE, 15

1908

# LES SYNDICATS OUVRIERS
## Dans l'Agriculture

## INTRODUCTION

Les récents troubles agraires qui se sont produits en 1904 dans le midi de la France, en 1906 et 1907 chez les ouvriers agricoles de Seine-et-Marne et chez les résiniers landais ont ému la presse française et suscité l'attention du public.

Jusqu'alors le prolétariat industriel avait largement manifesté son existence. Usant du droit d'association conféré par la loi du 21 mars 1884, il s'est organisé en syndicats puissants et a su imposer ses volontés aux industriels. Nous sommes en quelque sorte habitués à voir revenir périodiquement des mouv e ments grévistes chez les ouvriers boulangers, les typographes, dans l'industrie du bâtiment ou chez les

Matillon                                                    1

mineurs. Cette organisation forte et puissante du prolétariat industriel est aujourd'hui un fait accompli que nous redoutons moins parce que nous le connaissons et qu'il a déjà pu manifester sa force.

Mais comment se fait-il que le prolétariat rural, qui était resté à l'écart, se soit laissé entraîner lui aussi sur la pente du syndicalisme?

Le législateur de 1884 disait : « Les syndicats professionnels ont exclusivement pour objet l'étude et la défense des intérêts économiques, industriels, commerciaux et agricoles. » Ce mot *agricoles* fut ajouté par amendement. Le législateur ne faisait la loi que pour les ouvriers de l'industrie, il ne songeait pas à l'agriculture et cependant celle-ci devait largement profiter de la loi. Les propriétaires, fermiers, cultivateurs, ont constitué près de 3000 syndicats agricoles qui ont pour but l'achat en commun des matières premières nécessaires à l'exploitation du sol ou le développement des œuvres d'assistance et de mutualité qui peuvent contribuer au progrès de l'agriculture. Mais ces *syndicats agricoles* ne sont en somme que des syndicats de producteurs, de propriétaires. Et les ouvriers ruraux n'avaient guère songé jusqu'à ces dernieres années à utiliser la loi de 1884, à l'instar du prolétariat industriel.

Sous l'influence de causes économiques, notamment par suite dela faiblesse des salaires, les bûcherons se soulèvent en 1891-1892. Plus récemment, sous l'empire des idées socialistes, par suite de la propagande incessante des Bourses du travail dans les campagnes et des appels enflammés de la C. G. T. le mouvement syndical se réorganise chez les bûcherons pour prendre une certaine vitalité et un certain rayonnement.

Dans une corporation très spéciale du travail forestier, les feuillardiers, un mouvement syndical prend conscience après 1900.

Chez les vignerons du Midi, un grand mouvement se dessine en 1904 ; des grèves nombreuses déciment nos provinces du Languedoc et du Roussillon.

Chez les jardiniers, les ouvriers agricoles du Nord, les résiniers de la terre landaise, le syndicalisme et la grève marchent de pair depuis deux ans.

Les métayers eux-mêmes se syndiquent.

Il convenait d'étudier ce mouvement gréviste et syndical dans son ensemble. Il fera l'objet de notre première partie qui, pour plus de clarté, sera divisée en autant de chapitres qu'il y a de corporations.

Mais là ne doit pas s'arrêter notre effort. Il conviendra d'examiner dans une deuxième partie ces forces syndicales dans leur fonctionnement pour en saisir les rapports de ressemblance et de différence, les causes de force et de faiblesse :

Le syndicat ouvrier : l'imperfection de ses statuts, son but de relèvement des salaires, ses œuvres d'assistance à tendances généralement socialistes.

La Fédération, organe de liaison des syndicats d'une même région : la maigreur de ses ressources budgétaires, sa propagande, les revendications générales qu'elle formule au nom de la corporation ouvrière, son attitude à l'égard des partis politiques.

Dans un troisième chapitre, nous verrons les aspirations du prolétariat rural qui désire concentrer ses forces, encore mal coordonnées, pour une action commune en réalisant l'union fédérative terrienne, sorte de C.G.T. de la terre.

Pour compléter cette étude, nous montrerons, dans une esquisse rapide, le développement concomitant des syndicats *mixtes* qui viennent contrebalancer ce mouvement syndical et arrêter dans une certaine mesure l'essor des *rouges*.

# Première Partie

**LE MOUVEMENT GRÉVISTE ET SYNDICAL
LES REVENDICATIONS**

---

## CHAPITRE I

### Les Bûcherons

---

Le syndicalisme rural a pris naissance chez les
bûcherons. Il faut remonter jusqu'en 1890 pour en
retrouver l'origine. C'est dans les forêts du centre
que, sans esprit révolutionnaire et uniquement poussés par une affreuse misère, les bûcherons ont demandé leur relèvement social.

A cet époque, la crise agricole sévissait tout particulièrement dans le centre. Beaucoup de petits
propriétaires n'avaient pu résister et étaient obligés
d'aller chercher chez autrui le supplément de revenu
que leur terre était incapable de leur donner. Une
quantité considérable de bras demandaient du tra-

vail, et les salaires agricoles étaient particulièrement bas.

A côté de la crise agricole, les départements forestiers du centre avaient encore à subir la crise du bois. Depuis trente ans les produits forestiers ont subi une dépréciation considérable. La houille a remplacé le bois, non seulement dans les usines métallurgiques, mais aussi dans l'âtre de nos foyers. C'est aujourd'hui un luxe que de se chauffer au bois, et la ville de Paris a réduit de 1/3 sa consommation. Le charbon de bois a subi le même assaut ; la cuisine au gaz règne en maîtresse. L'écorce elle-même s'utilise de moins en moins dans la préparation des peaux. Joignez à cela l'importance des bois de Norvège pour la marquetterie et la menuiserie, celle du sapin et des gros arbres pour tous les emplois, la dépréciation subie par le prix du bois par suite de la substitution du fer au bois dans les constructions, par l'achèvement des grands réseaux ferrés, par la ruine de la marine marchande, et vous aurez une idée de ce que fût la crise du bois en 1890.

Les marchands de bois, cependant, se faisaient une terrible concurrence et payaient très cher les adjudications des coupes ; aussi, pour sortir d'un état qui les acculait à la faillite, ils réduisirent les salaires des ouvriers, et ce fut chose facile. La crise agricole servit admirablement leurs intérêts en amenant sur les marchés d'embauchage abondance d'ouvriers sans travail.

Les bûcherons que l'on payait à forfait 2 francs ou 2 fr. 5o pour une corde de charbonnette virent leurs salaires osciller entre o fr. 75 et 1 fr. 25 en 1890. Les patrons augmentent les dimensions des bottes d'écorce ou des cordes (o m. 75 de hauteur au lieu de o m. 70). Ils ne payent pas le travail de défrichement des épines et leur mise en fagots (débrossage) ; ils ne permettent plus au bûcheron d'emporter à la fin de la journée un faix de bois et un piquet sur ses épaules (1).

La première révolte devait se produire dans la forêt de Meillant au mois de novembre 1891. Les ouvriers d'Uzay-le-Venon se concertaient depuis quelque temps. Soutenus par le sénateur Girault ils refusèrent de s'embaucher, exigeant des salaires de 3 à 4 francs par corde suivant les coupes. Sur un refus des patrons et après un discours de Girault, le 13 novembre 200 bûcherons décident la grève. Le mouvement gagne rapidement en extension ; vers le milieu de décembre, quatorze communes de l'arrondissement de Saint-Amand étaient en grève. Il n'y avait plus un bûcheron dans les bois de Meillant, Bornacq, Bigny, Soudrin. Cette grève était

---

1. La suppression de cette coutume fut le motif de la grève de Châtillon-en-Bazois, en 1903.

née spontanément sans organisation préalable. Les bûcherons ignoraient complètement ce qu'est le syndicalisme, et leur grève avait le caractère d'une insurrection uniquement inspirée par la misère. Leur enthousiasme fut alimenté par la sympathie que leur témoignaient les politiciens du département : Pajot, Mauger, Baudin, Girault (1).

La grève atteignit, au début de l'année 1892, le sud-ouest du département (Chezal-Benoit, Villecelin, Venesmes) ainsi qu'une grande partie de l'arrondissement de Bourges. L'apaisement se fit grâce à l'intervention du sous-préfet de Saint-Amand. Le 22 janvier un engagement fut signé pour les communes du sud de l'arrondissement, le 24 pour les communes de l'ouest. Le canton de Lignières seul se montra rebelle à la conciliation. Le calme n'y put renaître que grâce au triomphe des revendications un mois plus tard. Le 6 mars un contrat mettait également fin à la grève dans le sud de l'arrondissement de Bourges (Sancoins, La Guerche, La Chapelle-Hugon, etc.) accordant toutes satisfactions aux bûcherons.

Cette grève n'eut pas seulement pour résultat d'augmenter le taux des salaires qui furent portés à 2 francs et 2 fr. 50, elle fit naître aussi l'organisa-

---

1. Voir interpellation Girault au Sénat. *J. off.* 21 décembre 1891, p. 1241.

tion syndicale. Les orateurs, au cours de leurs conférences, avaient insisté sur la nécessité de se constituer en Syndicats « non précisément pour faire la grève, disaient-ils, mais pour se grouper et pouvoir ainsi imposer ses prétentions aux marchands de bois ». Le 7 février, dans une réunion tenue à Thaumier, on décidait la création de syndicats communaux reliés entre eux par une organisation centrale et un mois plus tard quarante communes du sud du département étaient déjà dotées de leur association. Après la grève l'enthousiasme ne diminua pas. Les meneurs continuèrent leur propagande syndicale. Le 27 mars un congrès créait la fédération départementale du Cher (siège social à Meillant).

Au printemps de 1892 l'embauchage pour l'écorçage se fit sans difficulté dans la région syndicale. Mais les bûcherons du nord du département, encouragés par les résultats acquis dans le sud, se montrèrent exigeants. Les patrons proposaient 24 francs pour 1.000 kilogrammes d'écorce dans la forêt d'Henrichemont, 30 francs dans les bois de Sancerre. Il y eut des grèves à la Chapelle, Sancergues, Jussy-le-Chaudrier. Les ouvriers obtinrent partout des prix supérieurs aux prix offerts. Des syndicats se constituèrent également dans ces régions et, à l'entreprise du bois d'hiver, la Fédération comptait 22 sections dont 18 s'étaient conformées à la loi de 1884.

Un deuxième congrès avait eu lieu le 5 juin à Meillant auquel avaient pris part 5o délégués représentant 6.ooo syndiqués. On y avait décidé que chaque section établirait un tarif général qui devrait servir de base aux marchands pour l'achat des coupes. Le troisième congrès approuva ces tarifs, le 2 octobre, en leur donnant une large publicité. Mais les marchands, tout en offrant des prix supérieurs, refusèrent le tarif ouvrier. Ce fut la grève. Comme une traînée de poudre, elle gagna toutes les contrées qu'elle avait connues l'année précédente. Partie de Dun-sur-Auron le 28 novembre, elle atteignait le lendemain 4o communes de l'arrondissement de Saint-Amand. Le 3o novembre l'est des arrondissements de Bourges et de Sancerre était compris dans le mouvement. Le 5 décembre une réunion enthousiate de 1. 5oo grévistes, présidée par Thivrier et Auger, votait la continuation de la grève. Dans l'arrondissement de Sancerre les marchands acceptèrent le tarif ; mais !a grève dura jusqu'au 1o mars 18g3 dans l'arrondissement de Saint-Amand. Dans cette lutte, des syndicats nouveaux n'avaient pas surgi, mais les anciens s'étaient solidifiés, et avaient pu montrer aux bûcherons quelle force puissante on peut tirer de l'association.

Le 1ᵉʳ novembre 18g3, eut lieu le Vᵉ congrès de la Fédération. Il eut une certaine importance, car il marquait l'apogée des syndicats : 25 sections y étaient représentées. Elles décidèrent d'envoyer une délégation porter le tarif des bois d'hiver aux marchands de bois. Les députés et sénateurs s'y virent octroyer le mandat de créer des syndicats dans les régions où il n'en existait pas. L'adoption du tarif donna lieu à quelques conflits (à Saint-Amand, Vierzon, Chezal-Benoit). A l'écorçage de 1894 il y eut également quelques troubles assez violents à Méry-ès-Bois, Henrichemont, Barlieu. La Fédération avait vu accroître pendant cette période le nombre de ses syndicats. Mais les nouveaux ne devaient être que de courte durée. Les bûcherons avaient obtenu des améliorations très sensibles ; ils ne pouvaient songer à augmenter sans cesse leurs salaires. Aussi il fallait rester sur les positions acquises. Mais sans la grève ces premiers syndicats n'ont pas la force morale de vivre et c'est dans la politique qu'ils vont bientôt chercher leur raison d'être ; nous les voyons émettre des vœux en ce sens au congrès de Meillant (4 février 1894). Au VII⁰ congrès, (Bigny-Vallenay, 29 avril 1894) on recherche « les moyens les plus sûrs pour lutter victorieusement contre le gouvernement que nous subissons et triompher dans la lutte que nous avons entreprise par les organisations ouvrières ». Ce congrès marque déjà un déclin très sensible des associations bûcheronnes, 16 sections seulement représentant 1.074 syndiqués y étaient représentées. Le VIII⁰ congrès (2 septembre 1894) marquait encore une étape vers l'anéantissement. De toutes parts les syndicats tombaient en désuétude. Les patrons essayèrent timidement, mais souvent avec succès, d'obtenir des concessions. Ils se heurtèrent à des difficultés là où il restait encore quelque embryon de syndicalisme et c'est ce qui nous explique les grèves de Vierzon, Vignoux-sur-Barangeon (4 novembre-23 décembre 1894), Allogny (15 décembre 1894), Méry-ès-Bois (janvier 1895). Le dernier congrès (Bigny 28 avril 1895) ne prenait plus soin d'établir un tarif pour l'hiver de 1895-1896. Les ouvriers subissent, sans révolte, les exigences des patrons. En 1897, la Fédération ne comptait plus que deux syndicats qui ne payaient pas leurs cotisations.

La cause essentielle de ce déclin a été certainement le peu de diminution des salaires depuis cette époque. Les marchands se sont habitués à acheter leurs coupes à des prix moins élevés (20 o/o de réduction) et ils ont craint, en réduisant les salaires, le retour des événements de 1892. C'est un état de choses qui a duré, et, une fois les résultats obtenus, le syndicat a paru inutile. Les bûcherons étaient d'ailleurs las de ces luttes incessantes qui les ruinaient ; ils aspiraient à jouir tranquillement de leurs salaires. Devant leurs exigences, l'opinion publique, favorable au début, leur était devenue contraire, ainsi que les hommes politiques ; l'administration elle-même luttait contre eux en accordant aux marchands des délais d'exploitation pour éviter les crises. Ils désertèrent les syndicats.

*<br>* *

Le mouvement qui avait pris naissance dans la forêt de Meillant s'était étendu à tous les confins du Cher et avait gagné les départements voisins.

La Nièvre fut, de tous, le plus agité. Pendant l'hiver de 1891-1892, il y eut dans cette région quelques foyers de grèves, mais c'est au printemps de 1892 que le mouvement prit réellement de l'importance. Le 3 mai, pour les travaux de l'écorçage, les ouvriers de Neuville-les-Decize refusaient les conditions des patrons. Quelques jours plus tard il y avait chômage à Azy-le-Vif et dans tous les bois des cantons de Decize et de Dornes.

· Ces grèves ont eu un caractère bien différent de celles du Cher. Il n'y avait dans la Nièvre ni comités de grève, ni organisation, ni campagne de presse, ni réunions publiques, ni meneurs. Les foyers d'insurrection n'avaient aucun lien entre eux. Les bûcherons ne songeaient pas à une résistance durable et suivie. Ils désiraient seulement quelque augmentation de salaire. D'ailleurs, ils avaient en face d'eux une organisation puissante des marchands de bois.

On raconte que deux jeunes charbonniers de Neuville, partis à la recherche de travail à Meillant, en revinrent quelques jours après enthousiasmés du fonctionnement des syndicats et des améliorations obtenues. Ils demandèrent au député Turigny de les organiser comme dans le Cher. Il y eut quelques conférences et des syndicats prirent bientôt naissance à Chantenay-Saint-Imbert, La Fermeté (12 juin 1892), Guérigny (11 septembre 1892).

Les revendications des Nivernais n'étaient pas très précises. C'est ainsi qu'au début de la grève de Neuville et de Chantenay (3 mai 1892) ils demandent à être *payés plus cher*, mais sans formuler un tarif. Aussi les transactions ne se traduisirent que par quelques sous d'augmentation et le 9 mai la grève se terminait, sauf dans les cantons de Saint-Pierre-le-Moûtier et de Dornes où elle dura jusqu'au 19. Les bûcherons obtinrent 60 à 75 francs pour les cent bottes d'écorce, 2 francs pour la corde de charbonnette, 1 fr. 50 pour la moulée. Dans le compromis il était dit que *les non-syndiqués devaient être payés aux prix antérieurs*. C'était là un moyen de les faire entrer dans les syndicats. C'était aussi une vengeance contre les ouvriers de Neuville qui avaient travaillé après le 3 mai. Mais cette clause fut violée par les patrons et l'on comprendrait difficilement qu'il en eût été autrement.

En présence de cet esprit de révolte qui commençait à se manifester chez les bûcherons de la Nièvre, les marchands de bois décidèrent de consolider leur association. Dans leur assemblée du 10 septembre,

ils dressent une liste des prix à donner aux ouvriers
et décident d'insérer dans leurs actes de vente une
clause suivant laquelle les propriétaires, moyennant
une indemnité de 5 o/o, s'engageront à proroger d'un
an, en cas de crise, le délai d'exploitation. Dans des
réunions tenues à Nevers le 12 octobre, à Cosne le 13,
à Clamecy le 15, il est décidé que la même clause
serait imposée à l'administration domaniale. Mais
celle-ci réplique qu'il n'était pas en son pouvoir de
modifier le cahier des charges. Les adjudications
furent difficiles. Beaucoup de bois restèrent invendus.
Il s'en suivit une crise de chômage pendant l'hiver
de 1892-1893 ; mais moins grande qu'on pourrait le
supposer, car si les propriétaires signèrent la clause,
les marchands durent néanmoins exploiter pour faire
face à leurs engagements vis-à-vis des consommateurs.

A la fin de 1892, l'organisation syndicale prit une
grande extension. A côté des syndicats de Chantenay
et la Fermeté, on vit surgir ceux de Saint-Aubin,
Nolay (octobre), Balleray, Saint-Martin, Châteauneuf,
Entrains, Menestreau (novembre), etc. Le 30 novembre on crée le syndicat du Morvan (Moulins-Engilbert, Fours, Luzy, Vandenesse, etc.), deux jours
après on crée le syndicat du Bazois (Biches, Bri-
nay, etc.). Le 4 décembre on fonde à Cercy-la-Tour
le syndicat de la Croix-Rouge qui devait bientôt
englober dans son sein les deux précédents. Mais

tous ces syndicats sont indépendants les uns des autres, dirigés par des hommes différents. Il n'y a pas de fédération, pas de liens qui les unissent.

Quoi qu'il en soit, pas un n'est satisfait des conditions offertes par les patrons et tout l'ouest du département, du nord au sud, se met en grève pendant le mois de décembre 1892. A la fin de décembre tout le département était en insurrection. Le nord-est seul, région pauvre, isolée et moins instruite, fut épargné.

Cette grève fut pour les bûcherons une terrible épreuve. Certains purent trouver du travail chez des patrons qui acceptèrent les conditions ouvrières. Quelques autres furent embauchés le 10 janvier 1893 à Guérigny et à Montambert par l'administration qui mit en exploitation les coupes invendues, à des prix légèrement supérieurs à ceux des marchands. Mais la plus grande partie dut chômer pendant tout l'hiver et fut ainsi réduite à une misère noire.

A la fin de janvier, il y eut une tentative de conciliation. Le 21, les patrons demandèrent au préfet sa médiation, mais les ouvriers refusèrent les prix transactionnels. Une nouvelle tentative, le 4 février, n'eut pas plus de succès et, devant cette obstination, la commission patronale décida de laisser chaque patron traiter individuellement avec le syndicat ouvrier de sa localité. Ce fut le signal de l'apaisement; le 7 mars, les bûcherons avaient partout obtenu gain de cause. Mais dans les marchés on avait réservé les tarifs des bois d'été. Les marchands cherchèrent à s'entendre. Il y eut des conflits particls à ce sujet (Cercy-la-Tour, Chaulgnes).

Au mois d'octobre, toutes les coupes furent achetées et l'embauchage fut facile. Les ouvriers ne demandaient, d'ailleurs, que le tarif de la campagne précédente. A peine peut-on signaler quelques conflits à Chantenay, Châtillon-en-Bazois (15 décembre 1893-15 janvier 1894) et Dornes (16 novembre-27 décembre 1893). Au moment de l'écorçage il y eut des grèves à Donzy (11-23 avril 1894) et à Saint-Aubin (16 avril-8 mai 1894), mais ce n'étaient là que des luttes de chantiers. Avec la hausse subie par les salaires, la grande période des grèves était passée.

Il nous est donné d'observer, dans la Nièvre, le même phénomène de décomposition du syndicalisme que dans le Cher. En 1894, le syndicat de Saint-Benin-d'Azy disparaît à la suite d'un vol du trésorier, en 1895 ce sont ceux de la Croix-Rouge, de Châteauneuf. En 1898, ceux de la Chapelle et Saint-Aubin. Les conflits que l'on rencontre encore pendant cette période sont seulement des refus d'embauchage qui ont perdu le caractère de grève. Les syndicats sont sans vie, sans adhérents, sans cotisations. Nous trouvons dans la Nièvre les mêmes causes de disparition que dans le Cher (1).

1. Pour cette période de 1890-1900, voir Roblin. *Les Bûche-*

*
* *

Mais si toute cette organisation était tombée dans le néant après les belles années de 1893-1894, elle devait renaître un peu plus tard sous l'influence de causes nouvelles.

Après 1899 un nouveau mouvement se dessine, sous l'influence des Bourses du travail et des idées socialistes. On fonde de nouveaux syndicats, car on comprend tous les avantages que l'on peut tirer du groupement professionnel. Il y aura peu de grèves dans cette période ; on se syndique moins pour se défendre dans le présent que pour assurer l'avenir, et aussi par esprit politique, tendance révolutionnaire et lutte de classes.

Dans le Cher, le mouvement va redevenir ce qu'il avait été en 1892. La Bourse du travail de Bourges, fondée en 1896, se mit en relations avec les quelques organisations qui n'avaient pas sombré. Elle organisa des conférences avec les militants du pays et de nouveaux syndicats surgirent en mai 1899 à Cuffy, Grossouvre, Apremont ; en juin à La Guerche ; en octobre à Brécy ; en décembre à Sancoins ; en février 1901, à Neuvy-le-Barrois ; en avril à Feux, Cours-les-Barres. Les syndicats qui voyaient ainsi le

------

*rons du Cher et de la Nièvre, leurs Syndicats.* Thèse Paris, 1903.

jour ou qui sortaient de leurs cendres étaient épars,
isolés. La Bourse du Travail n'était pas un lien suffisant. Son secrétaire général essaya d'appliquer un
vœu du XII⁰ congrès corporatif de Lyon, approu-
vant les fédérations nationales par métiers. Au mois
de janvier 1902, il envoyait *un avis important* à tous
les syndicats de bûcherons du département pour
leur montrer les avantages qu'il y aurait à fonder
une fédération nationale des bûcherons de France (1).
Des syndicats donnèrent immédiatement leur adhésion et l'on put, au mois de mai, lancer des convocations pour le I⁰ʳ congrès national. Il se tint le
29 juin à la Bourse du travail de Bourges. Cinquante
organisations s'y firent représenter. Le Cher, à lui
seul, y comptait 22 syndicats (2.000 syndiqués). Ce
congrès approuva les statuts de la Fédération, fixa
le siège social à La Chapelle-Hugon, mit à la tête du
conseil fédéral d'actifs militants qui se firent un
devoir de parcourir les campagnes chaque dimanche
avec les délégués de la Bourse, pour semer partout
l'esprit syndicaliste. Ils ne s'adressaient pas seulement aux bûcherons, mais à tous les prolétaires des
champs. C'est que maintenant les revendications ne
porteront plus seulement sur les tarifs des bois, mais
aussi sur les travaux agricoles et les syndicats s'in-

---

1. *Bulletin de la Bourse du Travail de Bourges*, janvier
1902.

tituleront : *Syndicats de bûcherons et ouvriers agri-coles.*

Le mouvement syndicaliste prend, en ces derniè-res années, une très grande extension dans le Cher. La Fédération, qui comptait à la fin de 1905 49 syn-dicats dans le Cher, en groupe aujourd'hui 55, ce qui représente 2.400 syndiqués environ. ,

La disparition des syndicats avait amené une baisse des salaires en 1899. Il y eut des conflits à La Guer-che, 1-12 mai ; Arpheuilles, 30 novembre-7 décem-bre ; Torteron, 6-26 décembre. Mais devant le nou-veau mouvement syndical, les patrons s'émurent et revinrent très vite aux anciens tarifs. Aussi les sta-tistiques ne nous montrent aucune grève dans le Cher jusqu'en 1908. Les syndicats n'y ont pas d'his-toire, sauf celle de leur développement. Ils se réunis-sent souvent, sans intérêt sans doute, mais pour prouver leur vitalité, et montrer qu'ils veillent et sont prêts pour la lutte. Les tarifs des bois étant suffi-sants, ils portent plutôt leurs exigences vers les salaires agricoles. Neuf syndicats de la région de Bruère-Allichamps demandent en mai 1906 la jour-née de neuf heures. Le syndicat de Cuffy établit au mois de mars 1907 un tarif pour les travaux agri-coles. Des améliorations assez notables ont été obte-nues.

*
* *

Dans la Nièvre, le nouveau mouvement syndical

ne présente pas les mêmes caractères que celui du Cher. Quoique affaiblie depuis 1896, l'organisation patronale est restée assez vivace dans ce département. La grève sera nécessaire pour lui résister et les syndicats prendront naissance au sein de l'agitation.

Si dans le Cher nous n'avons, pour ainsi dire, noté aucun conflit pendant cette période, chaque année nous allons en trouver dans la Nièvre.

Le syndicat de Chantenay était un des rares qui avaient survécu au naufrage. En 1898, il avait encore 100 adhérents, son bureau, ses réunions. Aidé par le syndicat de La Fermeté, il demanda le rétablissement des anciens prix. Sa demande restant sans réponse, 400 bûcherons se mirent en grève le 23 janvier 1899. La coupe des bois d'hiver ne put commencer que le 22 mars et les patrons, qui offraient 1 fr. 75 la corde, durent accorder 2 francs. Cette grève accrut la vitalité du syndicat de Chantenay.

En 1900, l'union des syndicats de Nevers fait une propagande active dans les campagnes et un réveil se produit : au mois de novembre, les syndicats d'Aunay et Saint-Amand voient le jour ; dans le canton de Saint-Saulge, 250 ouvriers forment un syndicat. En 1901, se fondent les syndicats de Sichamps, Billy-sur-Oisy, Trois-Vesvres.

Les travaux forestiers de l'hiver 1902-1903 amenèrent partout de nombreuses difficultés. Dans toute la région de Saint-Pierre-le-Moûtier, Chantenay, Dornes, Fleury, Saint-Parize, le conflit se termina le 15 décembre par une acceptation complète des tarifs ouvriers. Dans la contrée de la Fermeté et Trois-Vesvres, il y eut également refus d'embauchage, des ententes successives eurent lieu en mars et avril 1903. L'arrondissement de Clamecy lui-même n'échappa pas au mouvement gréviste. L'agitation fut surtout intense à Saint-Aubin, Châteauneuf et Guérigny.

Pendant l'hiver 1903-1904, la grève reprit dans le sud du département. Les syndiqués de Chantenay, encouragés par les résultats obtenus l'année précédente, formulèrent de nouvelles revendications. Dans une réunion tenue à la Maison du peuple à Nevers le 19 septembre 1903, ils avaient résolu d'augmenter tous les prix de 0 fr. 50. Le 15 décembre, le juge de paix de Saint-Pierre réunissait ouvriers et marchands à la mairie d'Azy-le-Vif, comme un an auparavant, mais le recours à l'arbitrage fut repoussé par les deux parties. Une nouvelle tentative eut lieu sans succès le 5 janvier 1904. La campagne put, d'ailleurs, être entamée sans grève, beaucoup de patrons ayant adhéré individuellement au tarif syndical. Les salaires qui étaient de 1 fr. 75 à 2 francs se trouvèrent portés à 2 fr. 10 et 2 fr. 40 par jour.

L'agitation de ces dernières années permit aux syndicats de la Nièvre de se reconstituer et de ramener les salaires aux anciens prix de 1893, malgré l'organisation encore puissante du patronat. La formation de la Fédération nationale activa le développement syndical. Trois syndicats nivernais avaient assisté au I<sup>er</sup> congrès. A celui d'Auxerre (4 septembre 1904) 10 syndicats étaient représentés. A cette date le syndicat de Chantenay avait 9 sections ; celui de Trois-Vesvres 15, nombre qui devait doubler à la fin de 1907. Au mois d'avril 1907 la Fédération comptait dans la Nièvre 26 syndicats affiliés. Tous, cependant, n'adhèrent pas à la Fédération, faute d'argent. La propagande incessante faite par les Bourses du Travail et les militants a amené la création de syndicats ou sections de syndicats dans tous les milieux bûcherons. Les communes syndiquées se groupent autour d'un syndicat régional plus influent et forment une organisation assez importante. C'est ainsi que l'on trouve la fédération saint-saulgeoise qui groupe les syndiqués de la région de Saint-Saulge, le syndicat du Centre, le syndicat régional de Chantenay qui englobe tout le sud-est du département (Dornes, Saint-Parize, Azy-le-Vif, Saint-Pierre-le-Moûtier), la fédération du Bazois, la fédération du Morvan, l'Union régionale de Clamecy, celle de Moulins-Engilbert, l'union des syndiqués de l'arrondissement de Cosne (1).

---

1. Le 1<sup>er</sup> septembre 1907 un congrès des bûcherons de l'ar-

L'union départementale des syndicats bûcherons et agricoles qui existe depuis plusieurs années a d'ailleurs beaucoup fait pour discipliner ces forces syndicales. Elle se réunit scrupuleusement chaque année en un congrès et établit le tarif des bois d'hiver.

Le 9 septembre 1906, à Châtillon-en-Bazois, elle discutait le tarif et les conditions du travail pour l'hiver 1906-1907.

Le 29 septembre 1907, à Cercy-la-Tour, elle fixait le tarif 1907-1908. Le prochain congrès aura lieu à Clamecy en août 1908.

Dans ces dernières années les syndicats de la Nièvre ont paru se préoccuper beaucoup des salaires agricoles. Ils ont demandé leur relèvement, la limitation de la journée de travail, le paiement des heures supplémentaires.

C'est ainsi qu'au début de juin 1906, le secrétaire du syndicat de Trois-Vesvres croit devoir attirer l'at-

---

rondissement de Cosne a eu lieu à Châteauneuf-Val-de-Bargis. Ils ont établi un tarif à soumettre aux marchands. Étaient représentés : Syndicats de Giry, Châteauneuf, Champlémy, Nonay, Saint-Bonnot, Vielmancey, Chasnay, Narcy, Varenne-les-Narcy. Les congressistes se sont donnés rendez-vous pour l'année 1908 à Châteauneuf, point central de la région.

Le syndicat de Sardy-les-Epiry a une certaine influence dans la région avoisinante. Le 1er avril 1907, il réunissait 200 bûcherons et carriers à Corbigny (syndicats de Corbigny, Pazy, Vitry-Laché, La Collancelle, Epiry, Combres, et Sardy).

tention du secrétaire général de la fédération des syndicats ouvriers de la Nièvre sur ce point, en lui disant de réunir à une date déterminée tous les syndicats bûcherons et agricoles de la Nièvre pour essayer un mouvement gréviste relatif aux travaux agricoles. Mais le secrétaire général parut se désintéresser de la question. Le syndicat de Trois-Vesvres tenta un mouvement local qui n'aboutit pas.

·Au mois de juillet, les syndiqués de la région de Chantenay revendiquent la journée de neuf heures et demie. A la suite d'un accord, ils obtiennent la réduction à dix heures avec paiement des heures supplémentaires (o fr. 4o). L'union départementale elle-même, dans sa réunion de 1906, déclare que les syndiqués ne devront plus faire que dix heures et exiger le paiement des heures supplémentaires à partir du 1er mai 1907. Cette déclaration devait rester platonique. En 1907, elle établit des prix et conditions pour les fauchages, moissons, battages et travaux agricoles de l'année.

Les tarifs forestiers n'ont, depuis trois ans, donné lieu à aucun conflit sérieux, sauf à Fours où une grève a duré trois mois (14 janvier-3 mai 1907). A l'heure actuelle un conflit grave vient d'éclater et menace de prendre une extension considérable, capable de nous ramener aux anciens jours de 1892. Les marchands refusant d'accepter le tarif établi par les bûcherons en septembre 1907, les communes de

Saint-Léger-des-Vignes, Decize, Druy-Parigny, Sou-
gy, la Machine, Champvert, Verneuil, Cossaye et
Trois-Vesvres sont en insurrection. Un comité de
grève est en permanence à Druy-Parigny (1).

*
* *

Le mouvement syndical bûcheron n'est pas resté
confiné dans les régions du Cher et de la Nièvre. Il
a rayonné dans les départements limitrophes, il a eu
même quelque répercussion dans toutes les forêts
de la France ; mais nulle part il n'a été aussi puissant.

Pendant la période troublée de 1891-1892, on
signale de faibles échos de la révolte bûcheronne du
Cher dans les départements voisins. Dans l'Indre, à
Niherne et à Saint-Maur, une grève du 5 au 22 mai
1891 entraîne le chômage de 100 ouvriers (2).

Dans l'Yonne un conflit s'étend du 27 janvier au
5 février 1891 à plusieurs communes (Saint-Sauveur,
Saints, Moutier). Mais ce furent là des mutineries
d'ouvriers qui n'eurent pas de conséquences sociales.

_______

1. *Le Travailleur de la Terre*, nos de janvier et février 1908.
2. Le secrétaire de la Bourse du Travail d'Issoudun nous
écrivait au mois d'avril 1907 que deux syndicats de petits
vignerons se sont fondés dans cette région, avec des tendances communistes très caractérisées.

En 1894, il y eut un réveil chez les bûcherons de l'Yonne. A sa sortie du régiment, un jeune ouvrier, Jobert, qui avait pu constater les résultats acquis dans le Cher et la Nièvre, essaya de grouper ses camades dans la forêt d'Othe. Un syndicat fut fondé avec des sections dans les communes. Il eut bientôt 600 adhérents. Jobert voulait faire l'éducation syndicale des bûcherons avant d'entreprendre une action qui ne pouvait être décisive qu'en venant à son heure. Mais les syndiqués avaient hâte de se révolter et d'imposer leurs conditions aux patrons. A la foire de Joigny, au moment de la vente des bois, une réunion devait avoir lieu entre marchands et délégués des bûcherons. Mais les patrons firent prévenir les ouvriers par leurs commis que s'ils ne venaient pas individuellement réclamer du travail, ils ne seraient pas embauchés. La plupart y allèrent et, lorsque les délégués des ouvriers exposèrent aux marchands de bois les tarifs, ils furent ironiquement remerciés. Le syndicalisme était enrayé pour quelques années dans l'Yonne.

En 1901, un mouvement se dessinait dans la Puisaye et dans l'Avallonnais. Dans cette dernière région les salaires étaient particulièrement bas. La botte d'écorce (20 kgr.) était payée 0 fr. 40 ; la corde de charbonnette 1 fr. 50. Un bûcheron d'Island, Isidore Bonnin, adresse un appel à tous les ouvriers de l'Avallonnais, leur montrant la nécessité impérieuse de se syndiquer pour résister au patronat.

L'appel leur donnait rendez-vous dans les quatre centres les plus boisés de la région (Monmardelin, Ouches, Sérée et Usy). Le 1er septembre 1901, Bonnin fit des conférences dans les deux premiers centres, le 8 dans les deux autres ; partout les paysans adhérèrent au syndicat de l'Avallonnais qui eut ainsi 120 membres groupés en 4 sections. Tout aussitôt ils obtinrent des améliorations de salaire. C'est ainsi que le prix de la botte d'écorce fut portée à 0 fr. 60, la corde de charbon à 2 fr. 50 et 2 fr. 75. Le canton de Vézelay s'organisa, lui aussi, en syndicat. Il créa des sections dans les communes et eut 160 adhérents. Les salaires y augmentèrent de 20 o/o. Encouragé par les succès obtenus en 1901, Bonnin fit de nouvelles conférences et, grâce à ses efforts, le syndicat des bûcherons de la région d'Avallon comptait au 1er janvier 1903, 240 syndiqués et 10 sections (1).

Mais depuis 1905, la moitié des sections des syndicats de Vézelay et d'Avallon ont disparu. Leur organisation avait été un mouvement spontané devant la baisse des salaires. Après les améliorations

---

1. Sections du syndicat de l'Avallonnais : Usy, Sérée, Bazoches-du-Morvan (Nièvre), Villurbain-Narbois, Ouches, Monmardelin, Island, Villiers-Nonains, Cussy-les-Forges, Bussières.

obtenues, le mouvement faiblit. Le syndicat d'Avallon compte aujourd'hui 42 membres cotisants.

Après l'échec de Joigny, le syndicat de la forêt
d'Othe avait disparu complètement. On a essayé de
le reconstituer en 1905. Jobert, qui fut candidat aux
élections législatives de Joigny, fit des conférences
et réorganisa 12 sections. Le syndicat (250 membres)
adhéra à la Bourse du Travail d'Auxerre et à la Fédération nationale des bûcherons. Mais il n'a jamais
pu manifester sa puissance. Les petits propriétaires
l'ont quitté et les ouvriers de l'Yonne ne sont pas
des bûcherons assez professionnels pour avoir un
syndicat vivant. Ne songeant pas à établir des
revendications pour les travaux agricoles (1), ils
désertent l'association après les travaux de l'hiver,
et il est difficile de la reconstituer au début de l'hiver
suivant.

Le mouvement s'est quelque peu accentué pendant les années 1906-1907. Sous les auspices de la
Fédération nationale, des tournées de propagande
furent faites par Denis Veuillat et amenèrent l'éclosion de quelques associations. A l'heure actuelle il
a dans l'Yonne 11 syndicats qui font partie de la
Fédération nationale des bûcherons (2).

---

1. En 1905 cependant ils ont exigé, en le proclamant à son
de tambour, o fr. 60 de l'heure sans nourriture pour les battages. Ils gagnaient auparavant 3 francs par jour.

2. Saint-Fargeau, Bussy-en-Othe, Lavau, Saint-Martin-des-

Dans le nord de l'Allier, les bûcherons de la forêt de Tronçais songèrent à s'organiser vers 1900. A cette date, un syndicat fut fondé à Lurcy-Lévy. D'autres furent créés à Moulins (Chambre syndicale des fendeurs du Centre), à Saint-Ennemond (Sections d'Yzeure, Mercy, Theil, Lusigny, Montbeugny), à Pouzy-Mezangy, Saint-Plaisir, Ygrande, Isle-et-Bardais. Mais ces syndicats se sont organisés lentement et sans grève. A peine peut-on signaler quelques conflits à Jaligny et Tréteau (17 décembre 1903-25 janvier 1904) à Saint-Bonnet-Tronçais (2-9 novembre 1906) et à Montoldre (13-31 décembre 1906). Ces deux dernières années, le mouvement s'est sensiblement accentué. La tenue du V<sup>e</sup> congrès national des bûcherons à Lurcy-Lévy (1<sup>er</sup>-2 septembre 1906) y a certainement contribué pour beaucoup. De nouveaux syndicats ont surgi à Cosne-sur-l'Œil, Saint-Aubin, Couleuvre, Bourbon-l'Archambault. Le 7 juillet 1907, un congrès régional des ouvriers bûcherons fendeurs et scieurs de long de l'Allier s'est réuni dans cette localité pour y décider l'établissement d'un tarif uniforme que l'on devra bientôt imposer aux marchands de bois. Beaucoup de ces syndicats ont adhéré à la Fédération nationale.

En 1894, il y a eu dans le Loiret un mouvement

Champs, Fontenailles, Vézelay, Treigny, Saint-Privé, Saint-Sauveur, Moutier, Paroy-en-Othe.

syndical qu'il faut signaler. Aux mois d'avril et mai, les communes de La Bussière, Saint-Firmin, Châtillon, Saint-Brisson, Autry, Coullon, Cerdon, Pierre-fitte-ès-bois, dans l'arrondissement de Gien, ont retenti des échos de la grève. Il n'y a pas eu moins de 600 grévistes. Des syndicats ont pris naissance, mais depuis le mouvement a décliné. A l'heure présente deux syndicats seulement font partie de la Fédération nationale.

Le massif forestier des Vosges a vu naître l'organisation syndicale en 1906. Le travail des bûcherons est, dans cette région, particulièrement pénible. Ce sont des forêts de sapins assises sur les flancs des montagnes. Quand le terrain est propice, le bûcheron laisse le bois sur place et le voiturier le prend avec son attelage. Le marchand offre alors des prix variant de 0,75 à 1 franc et 1 fr. 50 le mètre cube.

Mais lorsque l'exploitation se fait sur des pentes rocheuses, le bûcheron est obligé de transporter le bois à des distances assez longues jusqu'à l'endroit où le voiturier aura accès. Ce travail est payé à raison de 0 fr. 35 par heure. Quant aux menus bois qui sont employés pour le chauffage ou pour la fabrication du papier, l'abattage est payé à raison de 1 fr. 75 à 2 fr. 50 le stère, mais le bûcheron doit le transporter jusqu'à l'endroit où le voiturier aura accès. Les bûcherons ont trouvé ces salaires insuffisants et ont constitué un syndicat en 1906 à Gérardmer (200 membres) ; leur hostilité paraît provenir de ce que leurs salaires n'ont pas augmenté avec la plus-value subie par le prix de vente des futaies (1).

Dans la Seine-Inférieure, au milieu de la forêt de Rouvray près d'Elbeuf, un conflit d'un ordre spécial est intervenu. Dans cette forêt peuplée de résineux, la confection des plates-bandes destinées à recevoir les semis de sapins est donnée par l'administration forestière à des tâcherons au prix de 3 francs les 100 mètres. Ceux-ci font exécuter la besogne par des ouvriers au prix de 2 francs, prélevant ainsi un bénéfice de 33 o/o. Le syndicat bûcheron de Grand-Couronne s'émut de cette situation et intervint auprès du Ministre de l'agriculture pour lui signaler cet abus. Le Conservateur des Eaux et Forêts répondit que l'administration ne pouvait intervenir (2).

Le syndicat demanda instamment la suppression des tâcherons et que le travail soit confié directement au syndicat. Dans le courant de l'année 1907,

---

1. Il y a vingt ans les futaies des Vosges servaient à faire des bois de charpentes et des mâtures de navires, des poteaux de mines. Aujourd'hui l'épicéa et le pin sont utilisés dans la fabrication du papier. Aussi l'État et les propriétaires ont vu leurs bois augmenter considérablement de valeur.

2. Lettre du Ministre de l'agriculture (*Le Bûcheron*, septembre 1906).

satisfaction lui a été donnée sur le premier chef; le travail sera dorénavant fait en régie (1).

Ainsi donc, un peu partout, les bûcherons de nos régions forestières se sont révoltés. On pourrait multiplier les exemples de tentatives locales (Riaillé, Dôle). Dix-huit départements se trouvent représentés à la Fédération nationale qui compte actuellement 96 syndicats et 6.200 membres cotisants (2). Bien d'autres syndicats existent (une soixantaine), mais il n'y a guère que les adhérents à la fédération qui aient de la vitalité et quelque puissance. Il y a, en France, 7 ou 8.000 bûcherons syndiqués.

2. *Le Bûcheron*, 20 avril 1907.
3. Réunion du Conseil Fédéral, 16 février 1908.

# CHAPITRE II

## Les Feuillardiers

---

Dans les bois taillis de châtaigniers du Périgord et du Limousin, on trouve des bûcherons dont la profession consiste spécialement à faire des feuillards (lattes qui servent à la fabrication des cercles de tonneaux), des échalas et des piquets. Ils se trouvent surtout dans la Haute-Vienne (arrondissements de Saint-Yrieix, Nontron, Rochechouart), dans la Corrèze (cantons de Lubersac et Uzerche) et dans la Dordogne ; le foyer principal paraît être Saint-Yrieix. D'autres régions de la France possèdent des bois de châtaigniers, la Vendée, les Cévennes et la Bretagne, mais l'industrie du feuillard y est peu développée, et nous n'y trouvons pas trace d'organisation syndicale. Ce n'est que dans le Limousin qu'elle s'est développée, et a pris ces dernières années une certaine extension. Sur 2.500 ouvriers qui constituent l'ensemble de la profession. 1.200 sont syndiqués. C'est qu'en effet, en dehors de quelques journaliers, la plupart sont des feuillardiers professionnels qui séjournent dans le bois du 15 octobre au 15 juin. Ils habitent de petites cabanes dans lesquelles ils travaillent, tristes et solitaires, 12 heures par jour pour se faire un salaire de 3 francs. Avant 1900 les salaires étaient de 2 fr. 25 en moyenne ; ils variaient, d'ailleurs, avec chaque commune, avec chaque patron. Aujourd'hui les feuillardiers imposent des tarifs aux marchands de bois.

Une première tentative syndicale eut lieu en 1893. Une chambre syndicale des ouvriers du Centre fut fondée à Saint-Yrieix. Elle vécut jusqu'en 1896. Son œuvre fut nulle. Les syndiqués d'alors étaient très ignorants ; leurs statuts très imparfaits.

En 1899 un nouvel essai devait faire hausser les salaires et créer une organisation syndicale durable. Les ouvriers éprouvaient une grande difficulté à se faire payer le prix intégral de leur travail. Les patrons prenaient la déplorable habitude de défalquer les centimes. Quatre cents feuillardiers de Saint-Yrieix réclamèrent, le 27 novembre, un franc d'augmentation par mille pour chaque catégorie de marchandises. Cette grève n'eut pas de durée. Le 29 les marchands de bois acceptèrent les revendications. Terminé sur ce point, le conflit s'étendit aux communes de Châlus, Nexon, Bussière-Galant, La Roche-l'Abeille

(110 grévistes). Mais les patrons ne voulurent pas céder et le travail reprit dans ces régions le 18 décembre aux anciennes conditions.

Les ouvriers comprirent qu'il était de toute nécessité pour eux de s'organiser s'ils voulaient obtenir des conditions meilleures ou maintenir les salaires obtenus. Le 24 décembre un syndicat fut fondé à Saint-Yrieix. Le secrétaire se montra actif, fit de la propagande et créa des sections à Châlus, Bussière-Galant, Lafayes (Haute-Vienne) Piégut-Pluviers (Dordogne) ; il n'eut d'ailleurs pas beaucoup de peine à montrer l'utilité du groupement professionnel, car les patrons ne payaient déjà plus suivant le tarif de novembre 1899.

Au début de la campagne de 1900-1901, les feuillardiers de Saint-Yrieix publièrent un tarif dont nous donnons ci-dessous la teneur ; c'est aujourd'hui le tarif en vigueur :

| | | |
|---|---|---|
| Dagues de 5 pieds | 5 | francs le mille |
| — 6 — | 6 | — |
| — 7 — | 7 | — |
| feuillards de 7 pieds | 8 | — |
| — 8 — | 10 | — |
| — 9 — | 12 | — |
| — 10 — | 14 | — |
| — 11 — | 16 | — |
| — 12 — | 18 | — |
| — 13 — | 20 | — |
| — 14 — | 25 | — |
| — 15 — | 30 | — |
| — 16 — | 35 | — |
| — 17 — | 40 | — |
| — 18 — | 50 | — |

lattes pour treillage de 1 mètre.....  4 ou 5 francs
      —            1 — 15...  5 ou 6 —
      —            1 — 5o...  9 —
      —            2 — .....  11

lattes pour couvertures
  non liées, 1 mètre 5o............  10 francs
Echalas ronds et quar-
  tiers 5 pieds...................  8 —
Echalas de o m. 10 à o m. 12 de cir-
  circonférence de 1 mètre........  5    francs
  —    pointé 1 bout 1 m. 33...  6 ou 7 —
  —      —  2 — 1 m. 33...  7 ou 8 —
  —      —  1 — 1 m. 5o...  7 ou 8 —
  —      —  2 — 1 m. 5o...  8 ou 9 —
  —    triangulaires 1 m.......  6 —
  —      —      1 m. 5o...  9 —
  —      —      2.........  12 ou 13 —

Carrassonnes o m. 10 à o m. 12
  de circonférence.........  4 pieds  6 ou 7 francs
  —      o m. 12 à o m. 14.  5 — 8 —
Carrassonnes acacias........  5 — 14 —
  —      —   .......  6 — 16 —
Gros piquets o m. 20 à o m. 22
  circonférence..................
  —      1 m. 5o.....  23 ou 24 francs
  —      2 m........  3o ou 31 —

Ce tarif ne fut pas accepté par les marchands de bois et, dans sa réunion du 6 janvier 1901, le syndicat de Saint-Yrieix décida que tout l'arrondissement se mettrait en grève le lendemain. Le travail ne reprit que le 14 janvier par l'acceptation du tarif ouvrier (1).

Mais terminée dans le canton de Saint-Yrieix, la grève se propageait dans les régions avoisinantes. Le 19 janvier 1901, 119 feuillardiers abandonnaient leurs chantiers dans le canton de Châlus ; le 24, 88 cessaient le travail à Nexon. 60 ouvriers des communes de Champsac et de Cussac (arrondissement de Rochechouart) se joignirent aux grévistes et, avec des alternatives de croissance et de décroissance, la grève se poursuivit jusqu'au 7 mars dans ces régions. Les ouvriers y obtinrent l'application du tarif de Saint-Yrieix.

Le mouvement s'étendit encore. Les feuillardiers de Lanouaille et des communes environnantes (Angoisse, Sarlande, Dussac, Sarrazac, Payzac, Savignac, Saint-Sulpice d'Excideuil) demandèrent l'application du tarif de Saint-Yrieix. Le 9 janvier 1901, 80 ouvriers quittèrent le travail. Le nombre des grévistes, par étapes successives, atteignit 350, c'est-à-dire la presque totalité des ouvriers de la profession. Après bien des hésitations, les patrons accordèrent satisfaction le 28 janvier. Au cours de la lutte un syndicat s'était fondé à Lanouaille. A Bussière-Badil, Piégut-Pluviers et Marval, il y eut une grève le

---

1. Pol de Corbier. *Les feuillardiers du Limousin et leurs syndicats*, thèse Paris, 1907.

26 février. Mais le défaut d'organisation obligea les feuillardiers à reprendre le travail aux anciens prix. Ainsi en 1901 la grève fut générale dans tout l'arrondissement de Saint-Yrieix et dans la plus grande partie de celui de Nontron, mais elle n'eut un résultat efficace et précis que dans le canton de Saint-Yrieix.

Au début de l'hiver 1903-1904 les syndiqués de Lanouaille acceptaient du travail aux prix antérieurs. Le syndicat de Saint-Yrieix fut vivement indigné et vota un blâme au secrétaire du syndicat. Il prit l'initiative d'organiser une réunion à Lanouaille, à la suite de laquelle le secrétaire du syndicat dut donner sa démission. Une grève fut engagée (26 décembre 1903 — 9 janvier 1904) qui permit de revenir au tarif de 1901.

Ce conflit mis à part, il n'y eut pas de grève chez les feuillardiers de 1901 à 1908. Cependant le tarif de 1901 ne fut guère appliqué qu'à Saint-Yrieix. L'organisation syndicale avait, une fois encore, périclité. Accusé d'exaction le secrétaire de Saint-Yrieix fut exclu du syndicat et cessa sa propagande. Les sections qui n'avaient ni bureaux ni réunions ne fonctionnaient pas. Aussi les patrons pouvaient mépriser les tarifs de 1901 (1).

---

1. Ils avaient d'ailleurs constitué deux syndicats puissants : en 1904 à Bussière-Galant, en 1906 à Saint-Yrieix.

Après 1903, le mouvement syndical reprend. Des syndicats sont fondés à Châlus le 21 février 1904, à Saint-Hilaire-les-Places le 4 septembre, à Lastours le 11 novembre, à Jumilhac-le-Grand en 1905.

L'idée de relier entre eux ces syndicats autonomes fut émise lors de la réunion du syndicat de Saint-Yrieix le 1er juin 1905. Une commission de 6 membres fut chargée d'élaborer les statuts d'une fédération. Le 17 septembre suivant, elle était constituée et tenait une première réunion. Les syndicats devenaient des sections de ce syndicat central, tout en conservant leur indépendance absolue (1).

Le 15 août 1904 le syndicat de Saint Yrieix avait nommé une commission pour élaborer un nouveau tarif. Il avait été adopté quelques jours plus tard en assemblée générale, mais il ne fut pas question de le faire accepter par les marchands. Après la création du bureau central, on songea à le remettre sur pied. Mais il y eut une mésentente complète entre les sections. Le 16 septembre 1906 le syndicat de Saint-Yrieix voulut le faire appliquer, les patrons répondirent par un refus et firent afficher des listes d'em-

----

1. Elle a pour titre : *Syndicat des ouvriers feuillardiers du Centre.* (Siège social Saint-Yrieix.) Ses sections sont : Saint-Yrieix 350 membres, Châlus 462, Lanouaille 115, Saint-Hilaire 140, Lastours 83, Jumilhac 80, La Roche-l'Abeille 50 (section créée récemment). Au total : 1280 syndiqués.

bauchage aux prix antérieurs. On eut recours à l'entente amiable. Au cours d'une réunion de conciliation le 21 octobre, le secrétaire du syndicat ouvrier demanda aux marchands de n'occuper désormais que des ouvriers syndiqués et à jour de leurs cotisations. Les patrons refusèrent ces prétentions et les ouvriers votèrent la reprise du travail aux prix de 1901 par 49 voix contre 41.

La section de Châlus avait rejeté dès le début les prix de 1906, mais elle avait élaboré un tarif inférieur à celui du bureau central, légèrement supérieur à celui de 1901. Les patrons le repoussèrent et, comme à Saint-Yrieix, le travail fut repris le 10 novembre aux anciennes conditions. Quant aux sections de Lanouaille et de La Roche-l'Abeille, elles s'en tinrent purement et simplement au tarif de 1901. Ainsi les conflits qui ont surgi dans le Limousin en 1906 ont échoué misérablement, et cela par suite du peu d'accord entre le bureau central et les différentes sections. Tant que ces associations de feuillardiers voudront conserver leur autonomie, il est évident que le syndicalisme sera dépourvu de puissance et restera infécond dans cette région.

# CHAPITRE III

## Les travailleurs agricoles du Midi

———

Le mouvement syndical est aussi ancien chez les travailleurs agricoles du Midi que chez les bûcherons, mais il est loin d'avoir pris la même extension. Dans les principales villes du Roussillon et du Languedoc, des syndicats se sont créés après 1890, sous l'action des Bourses du Travail (Montpellier 1891, Carcassonne 1892, Perpignan 1893, Narbonne 1894, Maraussan 1891, Béziers 1896.) Mais les syndicats étaient sans lien entre eux, ils n'eurent aucune action et, après 1896, ils disparurent.

Ce n'est qu'après 1900, sous l'influence des congrès corporatifs régionaux de Montpellier et de Béziers (1900 et 1901) et du XIII<sup></sup> congrès national de la Confédération Générale du Travail (Montpellier 1902) que l'œuvre d'organisation a été reprise avec vigueur. Sous l'action d'une active propagande menée par les Bourses du Travail, de nombreux syndicats se sont fondés : (à Mudaison, Mèze, Capestang, Sérignan en 1901 ; à Cazouls, Villeneuve-les-Béziers en 1902 ; à Puisserguier, Vendres, Argeliers, Pézenas, Armissan, Coursan, Ginestas, Maureilhan, Peyriac-de-Mer, Portel, Vinassan, Roujan, Lespignan, Saint-Thibéry en 1903.) Pour coordonner ces forces révolutionnaires qui allaient grandissant chaque jour, il se créa le 20 juillet 1902 une fédération des syndicats agricoles de l'arrondissement de Béziers. Les syndicats de l'arrondissement de Carcassonne fondèrent une fédération départementale dans les Pyrénées-Orientales. Celui de Mèze, un des plus puissants de l'Hérault, eut l'idée de réunir en un congrés général tous les syndicats ruraux du Midi. Ce congrés eut lieu à Béziers les 15-18 août 1903. Trois fédérations départementales y étaient représentées (31 syndicats) (1). L'idée première aurait été de fonder une fédération *nationale*, mais on abandonna ce projet ambitieux pour s'en tenir à une fédération *régionale* dite *des travailleurs agricoles et parties similaires de la région du Midi*. Les groupements de l'Hérault, de l'Aude, des Pyrénées-Orientales, devenaient *des sections départementales*.

Ainsi, en 1903, un mouvement syndical, fort bien organisé, existait déjà chez les vignerons du Midi. Il

---

1. Les syndicats de l'Aude avaient fondé une fédération départementale avant l'ouverture des débats.

n'était pas né des événements et des circonstances économiques comme celui des bûcherons. Il s'est développé d'une façon consciente sous la poussée révolutionnaire et aucune grève n'a, pendant cette période, assombri l'histoire syndicale. Quel devait ère son avenir ? On pouvait le méconnaître ; mais à cette date de 1903 des circonstances devaient aider les syndicats à consolider et à développer leurs forces.

Après la reconstitution du vignoble détruit par le phylloxera et la hausse des prix du vin, les salaires s'étaient accrus ; mais en 1900 nous tombons dans une période de mévente. Partout on a planté des vignes, partout on a des cépages qui produisent un gros rendement ; le dégrèvement des sucres permet la fabrication du vin de deuxième cuvée. Aussi l'offre surpasse la demande, le vin se vend à des prix très faibles et tout naturellement, par incidence, les salaires sont très bas.

Avant 1903, quelques grèves avaient éclaté mais sans retentissement et sans que l'on puisse apercevoir entre elles un lien de cause à effet. (Grèves de Cazouls-d'Hérault 1-22 décembre 1902 ; de Peyriac-de-Mer 4-12 mai 1903.) Ces premières escarmouches permirent de porter les salaires de 2 francs et 2 fr. 25 à 2 fr. 25 et 2 fr. 50.

Six mois après la grève de Peyriac, au mois de novembre 1903, un conflit parti de Nézignan devait

semer partout l'esprit de révolte et troubler les départements des Bouches-du-Rhône, de l'Hérault, des
Pyrénées-Orientales et de l'Aude, et provoquer en
moins de quatre mois l'éclosion de plusieurs centaines de syndicats, émotionner la presse réactionnaire et faire l'objet à la Chambre d'une retentis-
sante interpellation (1).

Le 24 novembre donc, la grève éclate à Nézignan.
Une centaine d'ouvriers quittent le travail. De suite,
la municipalité socialiste leur vient en aide en
ouvrant des chantiers communaux ; on fait des dis-
tributions de pain et de légumes. Le 16 décembre,
les ouvriers obtiennent satisfaction. Mais cette grève
était à peine terminée qu'elle se déclarait au sud de
Béziers à Sérignan (14 décembre). La Bourse du Travail de Béziers intervient ; la *Dépêche de Toulouse*
prête l'appui de sa publicité, et fait connaître le
mouvement gréviste à toute la région. Les ouvriers
de Villeneuve-les-Béziers, Cazouls, Bessan, Valros.
Agde, Vendres, Rivesaltes, Vias, suivent l'exemple
des 800 grévistes de Sérignan. Le 4 janvier 1904, la
grève éclate à Béziers, centre du commerce des vins.
A cette date 4.000 ouvriers adhèrent au mouvement.
Des patrouilles sont organisées qui, sans violence,
obtiennent l'abandon du travail. Les petits propriétaires font cause commune avec les grévistes. Les

1. Interpellation Lasies à la Chambre, 5 février 1904.

commerçants leur sont favorables et leur viennent
en aide. Les municipalités les encouragent, en dis-
tribuant des bons de vivre. On débauche les domestiques gagés et, chaque jour, des colonnes de manifestants parcourent la ville en chantant une carma-
gnole paysanne. Le 12 janvier la grève est terminée
à Béziers, mais depuis le 10 elle est à Narbonne, où
1.070 ouvriers ont cessé le travail. Après 5 jours de
grève, sur l'intervention du maire de cette ville,
M. Ferroul, les ouvriers ont obtenu un salaire de
3 francs pour 7 heures de travail (au lieu de 2 fr. 25
pour 8 heures). Partout les grévistes obtenaient des
augmentations : à Béziers 2 fr. 70 pour 6 heures ; à
Nézignan 2 fr. 50 au lieu de 2 francs pour 6 heures et
demie ; à Sérignan, à Cazouls, à Bessan et à Villeneuve-les-Béziers 2 fr. 50 au lieu de 2 francs pour
6 heures.

Le 12 janvier la grève éclatait à Gruissan, Canet,
Vinassan, Bages, Coursan. Dans cette dernière localité elle fut particulièrement violente. Les gros propriétaires de Coursan avaient réduit les salaires à
2 fr. 25 (au lieu de 2,50) et augmenté d'une heure
la journée de travail. Beaucoup d'ouvriers chômaient, aussi la grève fut facile. Les revendications
étaient particulièrement exagérées. Mais la sympathie des commerçants qui distribuèrent des vivres et
l'acharnement des meneurs pour faire continuer la

grève (1) permirent à 1.000 ouvriers d'obtenir
3 francs pour sept heures de travail, le paiement
des heures supplémentaires (0,50 l'heure), la suppression des tâcherons dans le travail à forfait. Le

---

1. Pour montrer l'énervement qui régna pendant cette grève
et les contraintes dangereuses exercées parfois par les militants sur les consciences ouvrières, citons, à titre d'exemple,
cette page de G. E. Prévôt (*Revue Socialiste*, XXXIX, 1904.
Les récents mouvements agraires dans le midi de la France,
p. 548). «... Les grévistes se rendent chez les épiciers, les
boulangers, les bouchers. On leur remet des pommes de
terre, des haricots, des choux, des oignons, des pains, de la
graisse, de la viande, qu'ils transportent dans la cave d'un
petit propriétaire dont le fils est gréviste. Et la distribution
de vivres commence. Le matin, des ouvriers non syndiqués
vont travailler. On ne les inquiète pas. Les propriétaires,
cependant, essayent d'en entraîner d'autres par l'intermédiaire des régisseurs et des chefs de « colles » qu'on appelle
à Coursan « moussègnes ». Le soir, les ouvriers sont préve-
nus que s'ils ne vont pas travailler le lendemain, mardi, ils
seront remplacés. Quelques-uns, chargés de famille, cèdent :
trente-cinq syndiqués reprennent le travail. D'autres parlent
de le reprendre le mercredi ; une réunion a lieu dans la soi-
rée. Les ouvriers qui sont occupés toute l'année chez les
gros propriétaires se montrent favorables à la reprise du
travail... Ceux au contraire qui n'ont pas de place fixe et qui
n'étaient pas occupés avant les pluies sont d'irréductibles
partisans de la grève à outrance. Ils sont soutenus par ceux
qui, par esprit de solidarité, veulent lutter jusqu'au succès
définitif. Le président monte sur une table et dit : « Je sais
qu'il y a dans l'assemblée des lâches qui veulent reprendre
le travail. Qu'ils s'avancent, je leur donne la parole ». Tous
se taisent. Le président déclare alors que l'on va voter sur
la continuation de la grève. « Ceux qui sont partisans de
reprendre le travail, ajoute-t-il, inscriront « oui » sur le

taillage et le sulfatage des vignes seraient payés
o fr. 75 l'heure. La femme gagnerait la moitié du
salaire de l'homme, mais avec o fr. 25 de supplément
pour le soufrage. Elle ne devait pas porter le bidon

bulletin qui va leur être remis ; ceux qui sont partisans de
la continuation de la grève remettront leur bulletin blanc.
Et surtout, dit-il en concluant, ne vous abstenez pas, car
l'abstention — c'est un libertaire qui parle — nous ne la
recommandons que pour les élections municipales et les
élections législatives ». Les bulletins sont distribués, mais
les ouvriers n'ayant pas de crayon refusèrent de voter. Des
murmures s'élèvent au fond de la salle. Alors le président :
« Vous aviez décidé de lutter jusqu'à ce que les patrons vous
aient accordé ce que vous leur demandez, et c'est au moment
où ils sont prêts à céder, où ils viennent de vous proposer
trois francs que vous flanchez! Vous n'êtes pas des hommes,
vous êtes des lâches ». (*Tumulte. Vives protestations.*) Le
président continue : « Si l'on m'interrompt je fais, quoique
anarchiste, intervenir la police et expulser les interrupteurs. »
Un langage plus modéré est alors tenu par un membre du
comité de la grève, libertaire pourtant, comme le président.
Il rappelle les origines de la grève, les souffrances endurées
jusqu'alors par les travailleurs, la formation du syndicat, les
nombreuses adhésions recueillies. Il adjure les travailleurs
de rester dans le syndicat et les exhorte à voter la continuation de la grève. On fait voter de nouveau, à bulletin ouvert.
Beaucoup de grévistes refusent de prendre le bulletin qu'on
leur offre. « Non, nous ne sommes pas des enfants, disent-
ils, nous ne voulons pas nous laisser faire ». Le président
monte sur la table et injurie les « flanchards ». « Demain,
dit-il, il n'y aura pas de distribution de vivres, les denrées
que nous avons, nous les vendrons sur la place publique, et
nous verserons l'argent dans la caisse du syndicat qui sera
un syndicat libertaire et qui fera de la propagande libertaire ». Deux ou trois ouvriers essayent d'engager leurs

de sulfatage. Enfin, la convention mentionnait que nul ouvrier ne serait renvoyé pour fait de grève.

Pendant qu'il se commettait quelques violences à Coursan, la grève se déroulait toute pacifique à Carcassonne. Une délégation allait prier le préfet de l'Aude de s'entremettre auprès des propriétaires. Ces négociations qui précédèrent la grève eurent pour résultat de la rendre éphémère. Les propriétaires accordèrent très vite satisfaction.

Redescendant vers son lieu d'origine, l'insurrection renaît dans les plaines de Montpellier, Mauguio et Lunel dès le début du mois de février. Les petits propriétaires acceptent de suite les revendications, mais les gros résistent et les ouvriers continuent la grève par solidarité. Ils organisent des patrouilles qui vont se poster aux issues de la ville de Montpellier. Les domestiques payés à l'année désertent les fermes. La Bourse du Travail est non seulement

---

camarades à accepter les propositions des propriétaires. Mais ils le font timidement et manquent d'autorité. Une nouvelle commission cependant est nommée, au milieu d'un vacarme indescriptible. Le lendemain de nombreux ouvriers syndiqués reprennent le travail. Quelques équipes sont complètes. Une gêne étreint la population ouvrière ; on ne fait pas de distribution de vivres.... (on) calme le président du syndicat, et, au cours d'une nouvelle réunion, on vote, à main levée, sur un ordre du jour, en faveur de la reprise du travail. L'ordre du jour est adopté à l'unanimité moins 42 voix. La grève est terminée. »

Matillon                                                   4

un magasin où l'on distribue des vivres, mais aussi un immense dortoir où les domestiques trouvent un abri. C'est un véritable camp de concentration des troupes paysannes. Malgré des troubles assez graves et des collisions qui eurent lieu avec la troupe, un accord général put intervenir le 15 février.

Je ne puis raconter en détail toutes les grèves qui eurent lieu pendant l'hiver de 1903-1904. Le mouvement qui débuta aux environs de Béziers avait atteint les Pyrénées-Orientales, Narbonne, Perpignan, et Carcassonne. Il avait repris ensuite à Montpellier. Il devait se développer au mois de mai dans la région d'Arles et de la Camargue ; il n'y eut pas moins de 40 grèves dans le mois de janvier, 45 pendant le mois de février. Le mouvement faiblit ensuite. L'Office du Travail ne signale plus que 14 grèves en mars, 1 en avril, 7 en mai, 2 en juin, 3 en juillet ; mais ces chiffres sont certainement au-dessous de la vérité. Pendant cet hiver de 1904, M. Augé-Laribé estime qu'il y eut au total 150 grèves et 50.000 grévistes.

Ces grèves ont présenté, dans leur physionomie et dans leurs résultats, des différences remarquables. Chacune d'elles a été originale dans son développement. A Béziers et à Montpellier nous trouvons l'intervention syndicaliste et municipale, à Narbonne l'intervention libertaire et politique, à Coursan l'intervention libertaire et syndicaliste. Des désordres plus ou moins graves se produisent à Coursan et à Montpellier ; un développement pacifique caractérise les grèves de Béziers, Narbonne, Carcassonne (1). Il n'y a pas moins de différences dans les résultats obtenus. Presque toutes ont eu pour but l'amélioration des salaires et l'on peut dire que partout les ouvriers ont obtenu des augmentations ; je ne connais guère que les grèves d'Oupia (Hérault), St-Couat d'Aude et Céret qui aient échoué sur ce point. L'effort des grévistes a porté aussi sur la réduction de la durée du travail ; quarante-trois grèves ont permis, dans une certaine mesure, la diminution des heures de travail ; six grèves seulement ne furent pas heureuses (2). Il est à noter que la durée du travail et les salaires sont essentiellement variables avec les communes. Les ouvriers ont essayé parfois de faire supprimer le travail à forfait, mais ils se sont heurtés sur ce point à une

---

1. G.-E. Prévot. « Les récents mouvements agraires dans le Midi de la France ». (*Revue Socialiste*, XXXIX, 1904, p. 553).

2. Ce sont les grèves de Canet d'Aude, Douzens' (Aude), Perpignan, Alénya (P.-O.), Céret (P.-O.), Roquefort-des-Corbières (Aude). En général, la journée de travail ne dépasse plus huit heures. Elle est, dans bien des communes, fixée à six ou sept heures et il n'y a pas lieu de s'étonner de cette durée relativement courte. Dans le Midi les ouvriers étaient, avant la crise agricole, de petits propriétaires qui, en dehors du travail chez autrui, avaient l'habitude de travailler pour **eux-mêmes**.

résistance obstinée de la part des propriétaires (1).
A Ponteilla et à Cruzy, les ouvriers ont fait supprimer le marchandage. Les revendications des grévistes se sont parfois montrées bien plus exigeantes,
surtout vers la fin de la période que nous étudions.
C'est ainsi qu'aux mois de mars et avril, après la
hausse des salaires, de nombreuses grèves ont eu
seulement pour but la réintégration des ouvriers
syndiqués qui avaient été congédiés (grèves de Pouzols, 4-7 mars. Echec. — Canohès, 12 mars. Réussite. — Le Boulon (25-26 mars) R., Coursan (5-6 avril)
R., Alénya (26 avril-5 mai R.) ou bien le renvoi d'un
régisseur dont on est mécontent (Cruzy 14-16 mars
R.) ou encore le renvoi d'ouvriers étrangers à la
commune (Argeliers 17-18 mars. R.). Ils ont également demandé que les ouvriers de la commune soient
employés de préférence aux autres (Bessan 15-18 janvier. R., Montlaur, 10-14 mars. R.) et les ouvriers
syndiqués de préférence aux non-syndiqués (Alénya, 26 avril — 5 mai. E. — Pollestres 13-14 mai.
R.) (2).

Au moment des sulfatages, la grève fut déclarée
dans la Camargue, commune d'Arles (15-25 mai

---

1. Echec des grèves de Mauguio et Mudaison.
2. Lire : Augé-Laribé. « Les résultats des grèves agricoles
dans le Midi de la France. » (Musée social. *Documents*,
décembre 1904, n° 11).

1904). Cette grève est restée célèbre par suite du contrat collectif qui y mit fin. Dans cette région, l'organisation syndicale remontait à 1898. Il s'y était fondé, à cette époque, une association de tous corps d'états qui groupait 380 membres. Ce syndicat se maintint jusqu'en 1901, mais il ne comptait plus alors dans son sein que 50 adhérents, tous ouvriers agricoles. Aussi, sous l'influence de la Bourse qui fut créée au mois de février 1901 par la municipalité d'Arles, le syndicat prit le nom de *Syndicat des ouvriers de la ferme*. A cette époque, les salaires étaient très élevés ; les vignerons gagnaient 3 et 4 fr. par jour et le chômage était inconnu. Mais à la suite de la mévente des vins, les salaires tombèrent, comme dans tout le Midi, à 1 fr. 50 et 2 fr. 50 en hiver et 2 fr. 25 ou 3 francs en été. De plus, le chômage se mit à sévir. Aussi devant la nécessité d'une action collective, et par suite de la propagande faite par la Bourse d'Arles, des syndicats ne tardèrent pas à se créer dans la région : à Fourques, Fontvieille, Saintes-Maries-de-la-Mer, Saint-Etienne-du-Grès et Bellegarde. Le syndicat d'Arles, qui comptait 20 adhérents au 1ᵉʳ janvier 1904, sur les 4.000 ouvriers de la commune, vit ce nombre porté à 150 au mois de mars et à 1.400 au mois de mai au moment de la grève. Depuis, quelques autres syndicats se sont fondés dans le département des Bouches-du-Rhône et ont constitué une section de la fédération du Midi (dite section d'Arles) ; mais le nombre des adhérents a sensiblement diminué. Le syndicat d'Arles n'a plus aujourd'hui que 500 membres.

Au mois de mai 1904, les ouvriers de la ferme d'Arles présentèrent aux patrons un tarif de revendications. Ceux-ci demandèrent un délai de quinze jours pour réfléchir ; mais croyant y voir une fin de non-recevoir, les ouvriers décrétèrent immédiatement la grève (1). Le lendemain, 16 mai, dès 4 heures du matin, des postes de grévistes sont placés à toutes les issues de la ville afin de prévenir les camarades qu'ils ne doivent pas travailler. Des patrouilles de 40 à 50 hommes vont dans toutes les directions pour avertir les domestiques des fermes de la décision prise. Une patrouille, partie le 16, visite la Basse-Camargue, tient une réunion au hameau de Sambuc, va coucher le lendemain à Salin-de-Giraud à 42 kilomètres d'Arles, et revient triomphalement le 19 grossir les rangs des grévistes qui arrivent à Arles par les trains et de toutes parts, au nombre de 3.000. L'enthousiasme est très grand. Le comité exécutif distribue des bons de vivres aux familles et, comme les restaurants sont insuffisants, on organise une soupe communiste pour 800 paysans : les cuisines sont improvisées dans le bureau de bienfaisance.

---

1. Réunion du syndicat d'Arles 15 mai. La grève fut votée par 360 voix contre une et un bulletin blanc.

Cependant, le 19, une entrevue a lieu entre patrons et ouvriers. Vingt-cinq articles du tarif ouvrier, sur 34, sont acceptés. Les ouvriers résistent, on comprend que les négociations n'aboutiront pas et, le 22, au cours d'une réunion, on accepte de laisser le président de la commission patronale s'aboucher avec le président de la commission ouvrière pour terminer, à l'amiable, les négociations. Le 24 on signait définitivement le contrat de travail et la grève cessait. Les ouvriers obtenaient o fr. 5o l'heure (o fr. 33 avec nourriture). La journée devait être de 6 ou 7 heures en hiver, 8 ou 9 heures en été. Pour certains travaux, tels que le greffage, le fauchage, le travail dans l'eau, le salaire était augmenté de 1 franc par jour. Le marchandage et le travail à forfait étaient supprimés (sauf pour certains travaux). Le contrat qui comprenait 32 articles prenait soin de tout régler salaires des femmes, repos, indemnités, nourriture, couchage, vendanges, etc. ; il devait avoir force de loi entre les parties (1).

Cette grève d'Arles, qui comptera dans les annales du prolétariat rural, avait eu un champ d'action de 2oo.ooo hectares, que se partagent inégalement un millier de patrons. Ses résultats étaient certains, mais les propriétaires n'avaient accepté le tarif que sous la menace et la crainte ; ils ne tardèrent pas à

---

1. Voir ce contrat *in-extenso* dans notre deuxième partie.

réduire les salaires et à faire perdre peu à peu aux ouvriers tous les avantages obtenus (1).

Pendant cette période agitée, le mouvement syndical a pris une très grande extension. Partout les syndicats se sont réorganisés ou créés. On peut dire avec raison qu'au mois de mars 1904 il y avait dans le Midi 200 syndicats ouvriers. La fédération régionale eut conscience de cet accroissement de forces. Elle comprit qu'il fallait agir et, le 1er mars, par un appel, elle engageait les syndicats à s'unir et à venir se grouper sous le drapeau fédéral. En même temps, elle leur adressait un questionnaire auquel ils devaient répondre avant le 13 mars, questionnaire qui permettrait de savoir sur quelles forces pourrait compter le prolétariat, au moment propice d'entreprendre la lutte décisive.

Cet appel fut entendu. De toutes parts les syndicats adhérèrent à la fédération. Le II⁰ Congrès tenu à Narbonne les 13-16 août 1904 groupait 109 syndicats, représentés par quatre fédérations départementales. La section d'Arles venait en effet s'ajouter aux fédérations déjà existantes des Pyrénées-Orientales, de l'Aude et de l'Hérault.

Cependant, la période des grèves ne cessait pas encore. Les patrons trouvaient les salaires exces-

----

1. Voir le récit de cette grève d'Arles dans la *Revue socialiste*, 1904. G. E. Prévot. « *Le Socialisme aux champs.* »

sifs, essayaient de les réduire ou, s'ils ne le pouvaient, se vengeaient en congédiant les meneurs et les ouvriers syndiqués. De nouvelles grèves s'en suivaient à Mèze (1) (19-25 octobre), à Quarante (21-31 octobre) et à Fleury (24-28 octobre).

Encouragés par les résultats obtenus l'hiver précédent, les ouvriers décidèrent, au Congrès de Narbonne, une lutte générale et décisive. Ils croyaient qu'une grève générale était le vrai moyen de solidifier le syndicalisme et d'obtenir des résultats complets. Exécutant les décisions du congrès, le comité fédéral envoya une circulaire aux syndicats, les engageant à ne pas faire de grèves partielles condamnées à l'avortement, et à se préparer pour un mouvement général de la corporation. Puis il fit un referendum sur l'opportunité de la grève. 72 syndicats répondirent favorablement, 29 se montrèrent hostiles, 33 ne firent aucune réponse. Ce peu d'enthousiasme rendait la situation critique. Une nouvelle circulaire ne donna pas de meilleurs résultats. Les syndicats étaient épuisés, et les ouvriers aspiraient au repos. Cependant le congrès de Narbonne avait adopté une motion tendant à la réglementation du travail et au relèvement des salaires. Le comité décida de la faire exécuter et décréta, quand même, la grève générale,

1. Voir B. Milhaud, « Episodes de grève. » *Le Paysan*, n^os d'octobre, décembre 1905, janvier, février, mars, avril 1906.

« considérant comme une reculade d'agir autrement ». Le 2 décembre, sur son ordre, 41 communes se soulevèrent. Dans l'Aude, l'Hérault, les Pyrénées-Orientales, 10.000 ouvriers cessèrent le travail.

Cependant, tous les syndicats qui avaient voté la grève générale ne suivirent pas le mouvement. Le comité fédéral se tint en permanence à Narbonne pendant quelques jours. Mais il sut bien vite se rendre compte de l'inutilité de ses efforts. Beaucoup de communes reprirent le travail après avoir obtenu quelques améliorations. D'autres continuèrent la grève par esprit de solidarité. Il n'y eut pas d'unité, pas de cohésion, et si les ouvriers en tirèrent quelque profit, quelque augmentation de salaires, dans certaines localités, il n'en est pas moins vrai que cette grève, prétendue générale, échouait dans son caractère. L'éducation syndicale n'existait pas encore chez les ouvriers agricoles du Midi.

Leur organisation était pourtant puissante : au début de l'année 1905, 150 syndicats, représentant 10.000 syndiqués, adhéraient à la fédération (1).

1. Nombre des adhérents à la fédération :

|  | Au 1er août 1904 | | Au 1er août 1905 | |
|---|---|---|---|---|
| Section d'Arles...... | 4 syndicats | | 5 syndicats | |
| — de l'Aude .... | 6o | — | 63 | — |
| — de l'Hérault.. | 57 | — | 59 | — |
| — des Pyrénées-Orientales .... | 13 | — | 27 | — |
|  | 134 | | 154 | |

Mais si le nombre des syndicats adhérents a augmenté, le

Mais par la suite, l'enthousiasme syndical commence à disparaître progressivement. Au III<sup>e</sup> congrès (Perpignan 13-16 août 1905), 79 syndicats seulement sont représentés. Au mois de novembre, la fédération voyait le nombre des associations adhérentes réduit à ce qu'il était au 1<sup>er</sup> août de l'année précédente. Ce déclin était encore léger. Il n'y eut, dans cette période, qu'une grève, celle de Fleury, mais elle suffit à montrer que les syndicats étaient puissants. Provoqué par une réduction des salaires et par le renvoi d'un ouvrier syndiqué, ce conflit dura quatre-vingt-quatre jours (3 nov. 1905-25 janv. 1906), pendant lesquels les ouvriers de Fleury firent preuve d'une éducation et d'une solidarité syndicales remarquables. Leur endurance, leur obstination (14 tentatives de conciliation échouèrent) inspirèrent l'admiration des communes voisines et de toutes parts il leur vint des secours. Le syndicat de Salles opérait une retenue de 0 fr. 25 par semaine sur chacun de ses membres et versa 50 francs au comité de Fleury. Une souscription organisée par *le Paysan*, au mois de décembre, donna, au 20 janvier 1906, la somme de 5.509 fr. 05 (1). Après le 20 janvier, elle produisit

---

nombre des cotisants a considérablement diminué. Au mois d'août 1905, 6.000 syndiqués payaient leurs cotisations, alors qu'il y avait eu 15.000 syndiqués au moment des grèves de l'hiver 1904.

1. Sommes versées par les sections de l'Aude : 3.911 fr. 70,

encore 283 fr. 5o. Les grévistes parcouraient les villages, exposaient la situation et rentraient chargés de vivres et d'argent. Encouragés par cette solidarité les 5oo grévistes de Fleury résistèrent jusqu'à satisfaction complète. Le conflit se déroula dans un calme relatif. Il y eut à déplorer quelques actes de sabottage : c'est ainsi que quelques centaines de souches, taillées dans le jour sous la protection des gendarmes, furent coupées au ras du sol pendant la nuit.

L'exemple de Fleury ne fut pas suivi. Pendant l'hiver 1905-1906 il eut peu de conflits. A Lespignan, les ouvriers demandent la réintégration d'ouvriers syndiqués (15-22 décembre 1904) ; à Moussan, une grève dure vingt-quatre heures (2-3 février 1906) ; à Saint-Frichoux, trois jours (21-24 février 1903).On sentait d'ailleurs que les syndicats s'affaiblissaient. Le secrétaire de la bourse de Montpellier, Niel, dans *le Paysan* du mois de décembre 1905, met en garde les syndiqués contre ce fléchissement des associations : « J'apprends, dit-il, que, parcelle par parcelle, tous les avantages matériels de votre révolte disparaissent en de successives diminutions de salaires ou augmentations de la durée journalière du travail. J'apprends que les chômages augmentent et que *la jaunisse* ne diminue pas. » On organise des confé-

de l'Hérault 962 fr. o5, des Pyrénées-Orientales 235 francs, d'Arles 12 fr. 5o, divers 387 fr. 8o, rences pour secouer l'apathie des syndicats. Bron, de la Bourse du Travail de Cette, parcourt successivement aux mois de février et mars 1906 les communes de Cuxac, Portel, Durban, Saint-Laurent-de-la-Cabrerisse, Puichéric, la Redorte, Tourouzelle, Rieux-Minervois, Montlaur, Roubia, Canet, Marcorignan, Bizanet. Marie, de la Confédération Générale du Travail, va le 13 avril à Ouveillan, le 14 à Saint-Nazaire, le 15 à Saint-Marcel, le 16 à Sallèles-d'Aude. Bron va dans les Pyrénées-Orientales, le 23 avril à Salces, le 24 à Rivesaltes, le 25 à Canohès, le 26 à Estagel, le 28 à Canet-d'Aude. Mais leurs efforts restèrent impuissants. Le nombre des syndicats diminuait irrésistiblement. Dans sa séance du 25 mars 1906, la section de l'Aude se voyait obligée d'exclure les syndicats de Carcassonne, Caunes-Minervois, Douzens, Fabrezan, Ferrals, Ventenac-d'Aude, pour non-paiement de leurs cotisations depuis trois trimestres. Dans sa séance du 8 avril, le comité exécutif de la section de l'Hérault constate que dix-sept syndicats sont en retard dans le paiement de leurs cotisations. Le 8 juillet le comité de la section de l'Aude se réunit et exclut encore les syndicats de Mailhac, Marseillette, Névian, Raissac-d'Aude, Roquefort-des-Corbières. Le syndicat de Perpignan lui-même est dissous.

Dans la région des Bouches-du-Rhône, le syndicalisme ne se maintint pas davantage. Les ouvriers perdirent, peu à peu, les avantages que leur avait octroyé le contrat du 24 mai 1904. Après les vendanges de 1904, les patrons licencièrent une partie de leur personnel ; le chômage devint intense et beaucoup d'ouvriers acceptèrent du travail à des prix réduits. Au mois de janvier 1906, le syndicat élabora un nouveau contrat, émettant le principe de la journée de huit heures. Les patrons profitant de la division qui existait chez les ouvriers groupés dans deux syndicats, l'un français, l'autre international, ne répondirent pas. Une grève fut déclarée le 2 mai. Elle fut réprimée avec énergie. Les patrouilles grévistes furent dispersées sans pitié, les attroupements interdits. Aussi beaucoup d'ouvriers n'abandonnèrent pas le travail. Devant l'intransigeance des patrons et la fermeté de la répression, les grévistes durent cesser la lutte le 14 mai (1).

Cette grève affaiblit considérablement la force morale des syndicats de la région d'Arles qui depuis n'ont pas essayé d'entreprendre une résistance nouvelle.

Le IVe congrès régional, tenu à Arles les 13-15 août 1906, marqua une nouvelle étape dans le fléchissement des associations. 52 syndicats seulement y prirent part, alors que la fédération en avait compté plus de 150 à son heure de prospérité. Aussi le secrétaire poussait un cri de détresse dans *le Pay-*

1. Siffroy Simon, « La grève agricole d'Arles » (*le Paysan,* n° de juin 1906).

*san*, au mois de décembre 1906 : « Le syndicalisme rural trépasse : Vive le syndicalisme ! ».

L'hiver 1906-1907 ne devait être marqué que par quelques conflits isolés. A Cruzy (1) une grève fut couronnée de succès après trente-cinq jours de lutte (8 octobre-14 novembre 1906). Les quarante-huit ouvriers du domaine de Sérièges, dont la réintégration demandée par le syndicat fut la cause du conflit, furent tous repris La grève fut limitée d'ailleurs aux ouvriers de ce domaine. Le propriétaire, M. Turrel, ancien ministre, usant de son influence, fit mander le sous-préfet, ainsi que deux pelotons du 13e régiment de chasseurs et trois brigades de gendarmerie (2). Ce déploiement de troupes n'évita pas les violences. Les grévistes cernèrent le château pour interdire au régisseur d'en sortir et coupèrent les fils télégraphiques. On dut leur accorder satisfaction.

Dans la commune du Boulon (Pyrénées-Orientales), une grève de vingt-quatre heures (6-7 décembre 1906) permit d'obtenir le renvoi d'un contre-maître et la réintégration d'ouvriers congédiés. Mais par contre, les grévistes de Saint-Genis-des-Fontaines (Pyrénées-Orientales, 1-21 janvier 1907) qui demandaient une

------

1. *L'Echo de Paris*. La grève de Cruzy. La Révolution aux champs, par Jules Rateau, n<sup>os</sup> du 28, 29, 30 et 31 octobre ; 2 et 3 novembre 1906.

2. A noter qu'il n'y avait qu'une centaine de grévistes.

augmentation de salaires, l'emploi exclusif des ouvriers syndiqués et le repos hebdomadaire, échouèrent dans leur tentative. A Puicheric (Aude, 18-30
janvier 1907) où les patrons avaient réduit les salaires, les ouvriers n'obtinrent qu'une satisfaction partielle.

Depuis le grand mouvement de 1904, les quelques
conflits heureux ou malheureux qui ont surgi n'ont
pu enrayer la baisse des salaires et le fléchissement
progressif du syndicalisme. Au mois de juin 1907,
la commission d'organisation du V<sup>e</sup> congrès lance
une première circulaire (1) aux syndicats pour annoncer les assises paysannes qui se tiendront au mois
d'août. Mais peu de syndicats répondirent et la tenue
de ce congrès ne fut pas possible. Il fut renvoyé à
la première quinzaine d'octobre (2). Il eut lieu, en
réalité, les 2 et 3 novembre à Béziers et, parmi les
cinquante congressistes, il y avait plus de secrétaires
ou délégués des Bourses du Travail que de représentants des syndicats (3).

Les événements survenus l'année dernière devaient
d'ailleurs contribuer pour beaucoup à la chute des
syndicats. La mévente des vins a été plus terrible en
1907 dans le Midi que les années précédentes ; les

---

1. *Le Travailleur de la Terre*, juin 1907.

2. Deuxième circulaire. *Le Travailleur de la Terre*, septembre 1907.

3. Le Comité Fédéral y donnait une statistique qui mon

propriétaires endettés ne peuvent plus payer leurs mpôts, le commerce local est ruiné et, par un magnifique mouvement d'indignation, le Midi tout entier

trait bien le déclin progressif du syndicalisme depuis 1904 :

*Année 1904*

| Organisations | Nombre de syndicats | Nombre de cotisants |
|---|---|---|
| Section de l'Aude...... | 60 | 5.779 |
| — de l'Hérault.... | 58 | 5.259 |
| — des Pyrénées-Orientales... | 23 | 3.101 |
| — d'Arles........ | 4 | 665 |
| Totaux........ | 145 | 14.804 |

*Année 1905*

| Organisations | Syndicats | Cotisants | | | |
|---|---|---|---|---|---|
| | | 1er trimestre | 2e trimestre | 3e trimestre | 4e trimestre |
| Section de l'Aude.... | 63 | 3.808 | 3.599 | 2.943 | 2.878 |
| — de l'Hérault.. | 62 | 2.974 | 986 | 731 | 1.380 |
| — des Pyrénées-Orientales . | 27 | 2.300 | 1.533 | 1.133 | 1.018 |
| — d'Arles...... | 5 | 665 | 665 | 335 | 275 |
| Totaux..... | 157 | 9.747 | 6.783 | 5.142 | 5.551 |

*Année 1906*

| Organisations | Syndicats | Cotisants | | | |
|---|---|---|---|---|---|
| | | 1er trimestre | 2e trimestre | 3e trimestre | 4e trimestre |
| Section de l'Aude.... | 66 | 2.301 | 2.036 | 1.837 | 1.504 |
| — de l'Hérault.. | 49 | 2.155 | 2.004 | 1.407 | 1.227 |
| — des Pyrénées-Orientales . | 26 | 964 | 625 | 515 | 435 |
| — d'Arles...... | 2 | 255 | 220 | 200 | 200 |
| Totaux..... | 143 | 5.675 | 4.885 | 3.959 | 3.366 |

s'est soulevé pour proclamer sa détresse dans les meetings de Béziers, Narbonne, Montpellier. Parmi ces milliers de manifestants, toutes les classes sociales se trouvèrent représentées. Oubliant leurs querelles politiques, tous les méridionaux, patrons et ouvriers, crièrent leur misère d'un commun accord. Des comités de défense viticole surgirent de toutes parts, des syndicats de défense viticole furent organisés dans toutes les communes déshéritées et, dans cet élan collectif qui flattait les syndiqués par son caractère franchement révolutionnaire, beaucoup des ouvriers qui appartenaient aux syndicats *rouges* adhérèrent à ces nouveaux syndicats doués, eux du moins, et pour l'instant, d'une vie ardente. Mais ils se trouvèrent là avec leurs patrons dans des syndicats en quelque sorte mixtes. C'était donc, au point de vue des salaires, l'acceptation du terrain d'entente et de la conciliation, l'oubli des rancunes et des hostilités d'autrefois ; c'était aussi la mort du syndicat *rouge* déserté.

*Année 1907*

| Organisations | Syndicats | Cotisants | |
|---|---|---|---|
| | | 1er trimestre | 2e trimestre |
| Section de l'Aude.... | 55 | 1.086 | 680 |
| — de l'Hérault.. | 34 | 921 | 628 |
| — des Pyrénées-Orientales . | 18 | 315 | 213 |
| — d'Arles...... | 1 | 200 | 200 |
| Totaux ..... | 108 | 2.522 | 1.721 |

Les militants ont compris très vite le grand danger couru par leurs organisations. Ils s'en sont émus. Paul Ader écrivait dans le *Travailleur de la terre*, au mois d'octobre 1907 : « Nombre de syndiqués ont aggravé la situation de la classe ouvrière en adhérant à la Confédération Générale Vigneronne... Ce que le patronat terrien n'avait pu faire au lendemain de nos grèves agricoles, l'organisation de syndicats *jaunes*, la Confédération Générale Vigneronne le réalise en plein. »

Aussi il faut combattre ce tombeau du syndicalisme. La Confédération Générale du Travail prête son concours. Aux mois de novembre et décembre 1907, Griffuelhes visite Béziers, Narbonne, Cuxac-d'Aude, Rivesaltes, Mèze, Villeneuve-les-Béziers, Arles. Ader parcourt le département de l'Aude. Niel fait des conférences à Mauguio, Marseillan, Maureilhan, Sérignan (Hérault), à Salces, Canohès, Elne, Estagel, Claira (Pyrénées-Orientales), à Armissan, Bizanet, Boutenac, Ornaisons, Canet, La Redorte, Portel et Saint-Jean-de-Barron (Aude). Partout les militants se renseignent sur l'état dans lequel se trouvent les organisations paysannes, et les progrès de la Confédération Générale Vigneronne ; partout ils reçoivent de la classe ouvrière un accueil sympathique. Mais il serait difficile aujourd'hui de prévoir l'avenir réservé à la Fédération régionale du Midi.

# CHAPITRE IV

## Les Jardiniers

Le 12 août 1877, il se fondait à Vincennes, rue de l'Hôtel-de-Ville, un syndicat de 3o ouvriers : c'était la *Chambre syndicale des jardiniers du département de la Seine*. Elle devait avoir des destinées multiples. Confinée d'abord dans l'enseignement professionnel, syndicat de solidarité, elle devait, après de longues années, entrer à la Bourse du Travail, y devenir un syndicat de propagande révolutionnaire et, à ce titre, prendre en 1904 la tête du mouvement horticole.

Les statuts furent, paraît-il, modifiés en 1879. A cette date la Chambre syndicale avait 100 adhérents. En 1881, elle n'en comptait plus que 6o. Il est vrai qu'en 1879 un cercle catholique, qui devait devenir la Saint-Fiacre, s'était fondé et lui avait porté atteinte. Pour se relever, elle décida de faire une grève au mois de mars 1881 ; 3oo jardiniers de Paris demandèrent un salaire de o fr. 5o l'heure au lieu de o fr. 4o et la journée de dix heures (au lieu de douze). La grève se termina au bout d'un mois par le triomphe des grévistes et, au 31 décembre 1881, la Chambre syndicale avait 3oo membres. Pendant la grève, 9 ouvriers jardiniers fondèrent, avec l'aide de la Chambre syndicale, une association coopérative de production qui se proposa l'exécution des travaux dans les jardins particuliers et la production des plantes à son compte. Elle acheta un terrain rue de Rottembourg ; mais cette coopérative fonctionna mal et fut dissoute après une grêle ruineuse pendant l'été de 1886. La Chambre syndicale chercha à développer l'enseignement professionnel. Elle créa en 1880 des cours subventionnés par le conseil municipal et qui ont toujours été très fréquentés. En 1892 elle obtint du conseil général de la Seine deux bourses de voyage chaque année. Néanmoins, la Chambre syndicale ne put maintenir son effectif ; il était tombé en 1892 à 15o adhérents.

Elle fixa, à cette époque, son siège à la Bourse du Travail et, du coup, elle obtint 67o inscrits. Elle fonda, la même année, une section à Boulogne-sur-Seine et prit en main la cause des jardiniers employés par l'Etat dans les jardins publics.

Ceux-ci se constituèrent en syndicat le 14 janvier 1893. Ils adhérèrent à la Fédération des travailleurs municipaux et obtinrent des améliorations en 1897.

Le syndicat avait 405 membres au mois de décembre 1893 et 497 au mois de décembre 1897.

La prospérité de la Chambre syndicale ne fut que de courte durée. Son effectif a souvent varié. Quant à sa puissance, elle fut plutôt illusoire. Un journal qu'elle publia en 1897 ne dura que quelques mois. En somme, si le mouvement syndical était ancien chez les jardiniers de la Seine, il était sans force (1).

En province, dans toutes les grandes villes, il y avait eu aussi des tentatives syndicales. L'Annuaire des syndicats professionnels nous signale l'existence de syndicats jardiniers à Marseille en 1882, à Bordeaux en 1884, à Nancy en 1893, à Angers en 1894, à Lyon en 1896, à Lille en 1898, à Cherbourg en 1899, etc. Les jardiniers municipaux se syndiquent en 1897 à Marseille et à Bordeaux. Mais de tout cela il ne reste rien aujourd'hui. Ce furent partout des tentatives sans effet, provoquées par quelques penseurs audacieux qui faisaient un jour une conférence, établissaient des statuts qu'ils déposaient scrupuleusement à la mairie et puis le syndicat naissant tombait dans l'oubli. Seuls ceux qui l'avaient constitué y songeaient encore pour regretter l'indifférence des travailleurs.

Cependant, dans ce mouvement sans cohésion et sans discipline, deux syndicats essayèrent de mon-

---

1. *Associations professionnelles ouvrières*, t. 1, p. 371.

trer leur vitalité. Le 26 janvier 1896, le syndicat de Cognac (Charente), fondé depuis peu (27 adhérents sur les 32 ouvriers que comptait la corporation), convoqua les patrons à la Bourse du Travail pour leur soumettre des revendications. Jusqu'alors ils avaient gagné 3 francs et 3 fr. 25 pour des journées de douze heures en été et de huit et dix heures en hiver. Ils réclamaient la journée de dix heures, un salaire de 3 fr. 50 et un supplément de 0 fr. 50 pour les travaux effectués à la campagne. Les patrons repoussèrent ces prétentions et 23 ouvriers se mirent en grève le 3 février. Le 5, ils demandèrent au juge de paix son intervention. Un comité de conciliation se réunit le 9 et une transaction mit fin au conflit. Les ouvriers devaient faire onze heures de travail en été, neuf heures en hiver. Les salaires devaient être de 3 fr. 50, tant en hiver qu'en été, mais seulement *pour tous les ouvriers jugés dignes de ces salaires par les patrons.* Il y avait là une clause qui restreignait singulièrement les avantages qu'obtenaient apparemment les grévistes (1).

Deux mois plus tard, le 19 mars, une grève éclatait à Angers. Le syndicat avait convoqué pour le 18 mars, à la Bourse du Travail, les 450 ouvriers de la ville et tous les patrons. Ceux-ci s'abstinrent d'y venir et, en leur absence, 255 ouvriers se déclarèrent

---

1. *Statistique des grèves*, 1896, p. 192-193.

prêts à prendre part à la grève dès le lendemain pour faire aboutir les revendications. Ils réclamaient une augmentation de 5o centimes par jour, ce qui portait les salaires à 3 francs et 3 fr. 5o ; ils demandaient que les gardes leur soient payées comme les journées de travail, à raison de o fr. 4o pour chaque heure supplémentaire, la suppression du marchandage, une indemnité de o fr. 5o par jour pour les travaux à plus de 5 kilomètres de la ville, la journée de 11 heures au lieu de 12. Les grévistes eurent à leur disposition une somme de 8oo francs provenant de quêtes ou de souscriptions de syndicats. Après une deuxième tentative près du syndicat patronal, ils s'adressèrent au juge de paix en lui donnant la liste de cinq délégués désignés pour faire partie d'un comité de conciliation. Les grévistes montraient par là combien ils avaient hâte de reprendre le travail à des conditions quelque peu améliorées. Mais le syndicat patronal horticole d'Angers, voyant la faiblesse de l'organisation syndicale chez les ouvriers repoussa toute tentative de conciliation dans une réunion tenue le 28 mars et répondit dans des termes qu'il convient de rapporter : « ... le syndicat horticole entend ne s'occuper en aucune façon des demandes formulées par la Chambre syndicale. Il estime qu'aucune commission, ni du syndicat horticole, ni de la Chambre syndicale ouvrière, n'a sa raison d'être dans le cas présent et que chaque ouvrier doit s'adresser directement et uniquement au chef de l'établissement qui l'emploie. » Cette réponse énergique fit taire tous les grévistes qui reprirent le travail le 2 avril. Beaucoup l'avaient même repris avant cette date (1).

Cet échec a été suivi de plusieurs autres. Toutes les tentatives de grèves faites dans le monde horticole ont échoué, à Lyon en 1898 (14-17 mars), à Nanterre (6-9 septembre) et à Wattrelos (4-5 janvier) en 1901.

Mais, après 1900 et sous l'influence des idées socialistes, le syndicalisme fait des progrès chez les jardiniers. Toute une organisation se dessine dans le midi en 1904 au moment des grèves agricoles. Les communes de la région languedocienne sont en insurrection ; c'est un enthousiasme général dans le prolétariat méridional ; les ouvriers de toutes catégories se joignent aux ouvriers viticoles et les jardiniers ont à cœur de ne pas rester en dehors de la lutte. Des syndicats de jardiniers se fondent à Béziers, Perpignan, Narbonne, Montpellier, Millau (2) et

---

1. *Statistique des grèves*, 1896, p. 207-208.

2. Au congrès de Perpignan 13-16 août 1904, 14 syndicats de jardiniers avaient envoyé leur adhésion morale : Dans l'Aude, les syndicats d'Argeliers, Badens, Caunes-Minervois, Ginestas ; dans l'Hérault, Adissan, Agde, Beaufort, Bédarieux, Capestang, Cruzy, Lausargues, Mauguio, Nézignan, Nissan.

comme conséquence la grève apparaît le 8 février à Perpignan. Une transaction la termina au bout de de 7 jours. Les ouvriers jardiniers étaient payés, avant la grève, 3 fr. 5o pour 12 heures de travail en été et 9 heures en hiver ; ils demandaient 5 francs pour 9 heures en été et 4 francs pour 8 heures en hiver. Ils obtinrent 4 fr. 5o et 4 francs pour cette durée de travail. Mais les patrons firent insérer cette clause que *les heures perdues pour cause de gelée ou d'orage seraient déduites du prix de la journée, à raison de o fr. 5o l'heure.* Un livret portant les dates d'entrée et de sortie chez son patron devait être exigé de chaque ouvrier. Les grévistes obtenaient qu'*aucun ouvrier journalier ni domestique ne serait renvoyé pour participation à la grève.*

Voyant leurs camarades de Perpignan réussir dans leurs revendications, les jardiniers de Béziers soumirent également un tarif à leurs patrons et, après des pourparlers infructueux, cessèrent le travail le 21 février. Ils demandaient 6o francs par mois du 1er mars au 3o septembre et 4o francs du 1er octobre au 28 février, o fr 5o l'heure pour les journaliers, un lit pour la nuit, le repos du dimanche ; des clauses réglementaient les heures de travail et les heures de repos. Les grévistes s'adressèrent au juge de paix et le 26 une transaction aboutissait. Les ouvriers journaliers échouaient dans leurs prétentions, mais les domestiques au mois obtenaient une amélioration des salaires, une diminution du temps de travail (1). Aucun ouvrier n'était renvoyé pour fait de grève et les patrons s'engageaient à payer les journées de chômage occasionnées par la grève. A Narbonne, les jardiniers suivirent l'exemple le 7 mars. Ils étaient dépourvus d'organisation ; le syndicat ne fut formé qu'au cours de la grève. Leur salaire qui était de 40 francs par mois. (nourris) avant la grève resta le même. Mais la journée de travail fut réduite de 16 à 13 heures (ils demandaient 12 heures). Le couchage fut amélioré. Ces conditions mirent fin à la grève le 26 mars.

A Millau, il y eut une grève qui dura fort longtemps

---

1. Convention du 26 février 1904.

1° : il est accordé un lit à tous les ouvriers ;

2° : du 1er avril au 30 septembre, les ouvriers seront payés 55 francs, 45 francs, 35 francs, 20 francs par mois, logés et nourris, suivant leurs aptitudes. — du 1er octobre au 31 mars, 40 francs, 30 francs, 20 francs. Ces prix ne seront établis qu'après huit jours de travail chez les patrons

3° : Heures des repas — du 15 mai au 15 août : 3/4 d'heure pour le déjeuner, 2 heures pour le dîner, 1/2 heure pour le goûter ; du 15 août au 15 mai, 3/4 d'heure pour le déjeuner, 1 heure pour le dîner. Le goûter sera accordé à l'ouvrier du 1er mars à fin septembre. Le travail cessera dimanches et fêtes à 9 heures du matin, après la corvée. Les jours ordinaires le travail cessera à 7 h. 45 du soir.

4° : Les ouvriers de toutes les catégories seront augmentés de 2 fr. 50 pour le mois de mars qui se trouve entre le service d'hiver et le service d'été.

(24 mai-29 juillet). Les ouvriers réclamaient une augmentation de salaire qui ne leur fut pas accordée. Le paiement à l'heure fut substitué au paiement à la journée, qui fut réduite de 11 heures 1/2 à 10 heures. Si le conflit a pu persister, c'est que les grévistes se sont occupés, pendant ce laps de temps, aux travaux agricoles.

Ainsi, dans le Midi, des syndicats de jardiniers se sont développés en 1904 et ont pu donner une preuve de leur vitalité par des grèves heureuses. Le mouvement s'est propagé : à Orléans, à Lyon (23 janvier 1904), des syndicats puissants se sont formés.

D'ailleurs depuis 1900, dans le département de la Seine, le syndicalisme s'est fortement accentué. A côté de la Chambre syndicale, fondée en 1877, les spécialités de l'industrie horticole commencent à s'agiter. Le 10 février 1899 apparaît un syndicat d'ouvriers en fleurs naturelles qui, le 1er juin 1900, prend le nom de *Syndicat de l'horticulture*. En 1900 se fonde une *Chambre Syndicale des Ouvriers Maraîchers*. Les ouvriers jardiniers d'Asnières se constituent, eux aussi, en syndicat. Mais ces forces spécialisées et éparses sont impuissantes. La chambre des maraîchers disparaît un an après sa constitution ; le syndicat d'Asnières vit deux ans. Le 2 août 1901, le syndicat de l'horticulture, comprenant l'utilité de la concentration de toutes les spécialités dans un même groupement, se décide à fusionner avec la Chambre syndicale de la Seine, sous le titre de syndicat *les Jardiniers de Paris*. Les maraîchers, eux aussi, vont au syndicat de Paris ; après la chute de celui d'Asnières, les syndiqués de la région adhérent à la section de Clichy-Gennevilliers du syndicat de Paris, et cette association acquiert ainsi une grande vitalité et une certaine puissance d'action.

Dans l'œuvre de concentration qu'il avait entreprise, ce syndicat rencontre bien des difficultés. Se dépouillant du caractère mutualiste et professionnel qu'il avait autrefois, il affirme hautement ses tendances révolutionnaires. Il est devenu un syndicat de lutte de classes. Aussi, lorsque les patrons horticulteurs virent la fusion du 2 août 1901, ils cherchèrent à amoindrir les forces grandissantes du syndicat *Les jardiniers*, en fondant l'*Union Fleuriste* (30 mai 1902). C'était un moyen de retenir loin de lui les employés des magasins en fleurs naturelles, autrefois adhérents au *Syndicat de l'Horticulture*. Il y eut, à ce sujet, des polémiques violentes. Les *rouges* dénoncèrent ce « syndicat *jaune* dans lequel les ouvriers étaient les victimes de l'exploitation patronale ». Mais un événement récent a changé l'état des choses. En 1906 l'*Union Fleuriste* possédait une majorité ouvrière bien décidée à rejeter l'ingérence patronale. Aussi lorsqu'éclata la grève générale des jardiniers de Paris, elle y prit part, montrant par cela même qu'elle reniait ses origines. Après la grève, elle consentit à fusionner avec le syndicat de Paris (18 janvier 1907). Une condition fut stipulée : c'est qu'elle resterait une section de spécialité. Mais cela est sans importance, car elle n'a pas de situation particulière dans le syndicat. Elle est soumise aux statuts et aux décisions des assemblées générales.

Aujourd'hui, le syndicat de Paris groupe tous les ouvriers syndiqués de la capitale, à quelque spécialité horticole qu'ils appartiennent. Il aurait voulu étendre son rayon d'action sur toute la banlieue avoisinante. Grâce à de nombreuses réunions de propagande, il a pu grouper 250 adhérents qui payent régulièrement leurs cotisations et fonder 19 sections dans Paris ou la banlieue (1). Certes cela est peu si l'on songe qu'il y a 9.000 ouvriers jardiniers dans le département de la Seine. Mais cela montre aussi la justesse de ses vues et l'impuissance du syndicalisme horticole s'il fut resté groupé par spécialités.

Le syndicat de Paris n'a d'ailleurs pas encore réussi complètement dans cette œuvre de concentration. Le syndicat de Vitry n'a jamais voulu fusionner

---

1. Sections de : Boulogne, Bourg-la-Reine, Kremlin-Bicêtre, Malakoff, Père-Lachaise, Jardin des Plantes, Saint-Ouen, Vincennes, Centre, Clichy, Aubervilliers, Issy-les-Moulineaux, Saint-Maur, Maisons-Alfort, La Garennes-Colombes, Neuilly, Passy, Fontenay-aux-Roses, Montrouge.

avec celui de Paris. Lors de la fondation de la Fédération horticole, au congrès de décembre 1904, la question s'est posée. La commission d'élaboration des statuts demandait, en effet, le vote d'un article suivant lequel il ne pourrait être admis plus d'un syndicat par ville. Il y eut une longue discussion. Certains congressistes montrèrent l'utilité de la concentration des forces ouvrières. Les délégués de Vitry prétendirent que leur éloignement de Paris justifiait l'autonomie de leur syndicat. Devant cette intransigeance, on décida de mettre la question à l'étude (1). Se conformant à cette décision du congrès, le comité fédéral, dans sa séance du 11 février 1905, résolut de provoquer la nomination d'une commission, chargée d'étudier la possibilité de la fusion. Elle devait être composée de trois délégués de chacun des syndicats intéressés et un délégué du comité fédéral. Le syndicat de Vitry se réunit quelques jours après, nomma trois délégués, mais repoussa à l'unanimité le projet de fusion. La commission ne pouvait donc fonctionner utilement.

Le comité fédéral, constatant son impuissance,

---

1. Bled fit adopter cette motion : « Le syndicat *Les jardiniers* propose au congrès d'émettre le vœu que le syndicat de Vitry, sans vouloir contester son adhésion à la Fédération, veuille bien envisager l'éventualité de la fusion avec le syndicat *Les jardiniers* et ceci en se transformant en section dudit syndicat. »

votait l'ordre du jour suivant, au cours de sa séance du 13 juin 1905 : « les investigations de la commission Vitry-Paris n'ayant pas abouti à la fusion, le comité fédéral invite les deux syndicats intéressés à s'entendre pour mener en commun la propagande dans la région de Vitry. » Cette solution valait mieux qu'une rupture et, dans son rapport au II° congrès, le délégué du comité disait qu'il y avait lieu de laisser au temps et aux événements le soin d'accomplir ce que n'avait pu faire la commission. Depuis, les choses n'ont pas changé. Le III congrès a décidé que, si Vitry n'acceptait pas la fusion avant la réunion du IV congrès, une mesure d'exclusion devrait être prise à son égard. Cette décision n'engageait pas le IV congrès qui d'ailleurs a maintenu le *statu quo*. Les deux syndicats sont restés en excellents termes. Le 24 février 1906, 200 jardiniers réunis à Vitry votaient un ordre du jour de solidarité avec Paris. Les deux syndicats mènent concurremment la propagande dans la région, et certains jardiniers de Vitry adhèrent au syndicat de Paris. La force du syndicat local s'en trouve amoindrie, et il finira par disparaître devant la puissance du syndicat parisien dont le but de concentration sera ainsi réalisé.

Le syndicat de Paris a eu une autre initiative qui devait porter des fruits meilleurs encore. Il ne suffisait pas de réunir en un seul faisceau toutes les spécialités horticoles de Paris et de la banlieue, il fallait aussi réveiller la province, faire sortir les organisations de leur léthargie, pour les vivifier au contact d'une action d'ensemble, en les groupant en une Fédération nationale de la corporation. Deux tentatives en 1900 et 1903 furent infructueuses. Comme nous l'avons vu déjà, des syndicats avaient existé un peu partout, mais sans vie. Aucun ne répondit à l'appel du syndicat de Paris.

En 1904, le congrès corporatif de Montpellier imposa aux syndicats, n'ayant pas de Fédération de métier, l'adhésion directe à la Confédération Générale du Travail, qui, de par ses statuts, (art. 2 § 3) devait réunir en une Fédération ces syndicats isolés dès qu'ils seraient au nombre de trois. Au mois de novembre, trois syndicats de jardiniers y adhéraient individuellement (Paris, Lyon, Orléans) ; on pouvait donc fonder une Fédération. La Confédération Générale du Travail, d'accord avec le syndicat de Paris, lança une circulaire au début de décembre, invitant les syndicats de jardiniers à un congrès qui devait se tenir à la Bourse du Travail, à Paris, les 23 et 24 décembre 1904. Cinq syndicats répondirent à cet appel : Paris, Vitry-sur-Seine, Montreuil-sous-Bois, Angers, Lyon. Le vote des statuts prit deux séances. Le but de la Fédération devait être « de rendre plus forts les syndicats existants, de consolider les chancelants, d'en créer où il n'y en a pas et, enfin, unifier l'action de ces organismes épars » (1). L'absence du syndicat d'Orléans, un des affiliés à la Confédération Générale du Travail, fut vivement commentée. Il adhéra à la Fédération au mois de janvier 1905. Le syndicat de Narbonne fut admis le 11 mars. Par contre, le syndicat d'Angers n'avait, à cette date, rempli aucune de ses obligations envers la Fédération. Il ne donna plus signe de vie par la suite.

Ainsi, au 1er mai, la jeune Fédération comptait 6 syndicats. Ceux de Dijon, Nantes et Sens étaient en pourparlers pour adhésion. Ses ressources étaient bien insuffisantes. Elle n'avait guère plus de 120 fr. dans sa caisse et, pourtant, une grève allait éclater bientôt à Lyon. Elle voulut y donner son appui moral et pécuniaire pour prouver sa force et son utilité. Dans une réunion tenue à Lyon le 14 mai, 76 syndiqués votèrent la grève. Cette minorité d'ouvriers était convaincue que les indécis suivraient le mouvement, ce qui ne manquait pas de justesse, puisqu'il y eut jusqu'à 700 grévistes au cours de ce conflit. Le lendemain, un appel à la population couvrait les murs de la ville. Les jardiniers y exposaient leur situation misérable et leurs revendications. « Actuellement, disaient-ils, l'ouvrier jardinier, après deux années d'apprentissage, gagne un salaire de 25 à

---

1. *L'ouvrier horticole*, mai 1905.

3o francs par mois, soit 16 à 20 sous par jour, pour des journées variant de douze à quatorze heures de travail ; avec cela, une nourriture le plus souvent insuffisante... un lit, composé de paille et de draps qui sont changés à peine tous les six mois ; quelques-uns sont dotés d'un matelas aussi vieux que le bâtiment qui l'abrite. Dans certaines maisons, le tout est-encore agrémenté de purin et de fumier qui se trouvent à proximité... avec cela aucune loi ouvrière ne nous touche... » (1). Ils réclamaient la suppression de la nourriture et du couchage, la journée de dix heures, un minimum de salaire de 4 francs par jour. Les grévistes, pleins d'enthousiasme, envoyèrent des patrouilles dans toutes les directions ; quelques jours après, la grève était générale dans toute la région. A la suite d'une conférence, elle gagna Ecully et Champagne-au-Mont-Dore. Le 18 mai, les patrons demandent à s'entendre directement avec les ouvriers, car il est impossible, disent-ils, de supprimer partout la nourriture et le couchage, par suite de la nécessité de porter les produits au marché à 5 heures du matin et de chauffer les serres la nuit ; le minimum de 4 francs ne s'impose pas davantage, car il y a des apprentis ; mais ils acceptent la journée de onze heures et le paiement des heures supplémentaires. Les ouvriers se réunis-

---

1. *L'ouvrier horticole*, juin 1905.

sent le 20 mai ; ils rejettent les propositions des patrons à l'unanimité et la grève continue. L'embarras de la culture, l'approche de l'exposition, obligèrent les horticulteurs à faire appel aux *jaunes* ; ils demandèrent la protection armée de leurs établissements. Il y eut quelques troubles. A Vaise notamment, les grévistes voulurent faire cesser le travail dans une propriété ; ils furent reçus à coups de pioche et de bêche. Il y eut ce jour là 14 arrestations, dont 2 furent maintenus avec huit jours de |prison sans sursis. Les patrons firent des concessions. Beaucoup acceptèrent la journée de dix heures et le minimum de salaire de 4 francs. Les autres appliquèrent la journée de onze heures, avec une augmentation de prix. La lassitude et le découragement gagnaient les grévistes ; le 28 mai la reprise du travail fut presque générale. Tous les ouvriers ne retrouvèrent pas leur ancienne situation, beaucoup furent écartés par les patrons et bon nombre de militants durent partir. Certains essayèrent de fonder une coopérative. Le syndicat se félicita de cette demi-victoire, et menaça les patrons récalcitrants de faire une deuxième grève à brève échéance (1).

---

1. Une souscription fut faite au cours de la grève. Elle donna 939 fr. 80. Tous les syndicats industriels de Lyon prêtèrent leurs concours pécuniaire. (*Revue socialiste*, 1905, t. II, p. 74-80.)

Quelque temps avant cette grève de Lyon, un conflit avait eu lieu à La Ferté-Saint-Aubin (Loiret). A la suite d'une conférence faite par Bertrand, secrétaire de la Bourse du Travail d'Orléans, les ouvriers jardiniers de cette localité s'étaient constitués en section du syndicat d'Orléans. Un mois après, ils adressèrent une réclamation à leur patron, M. Barbier. Travaillant dans une pépinière de Beuvronne, située à 5 kilomètres de la ville, ils avaient quatorze heures de présence en été et il leur fallait une heure pour s'y rendre, ce qui les mettait pendant seize heures au service du patron. Ce laps de temps était coupé par deux repos : l'un le matin d'une durée de quarante minutes, l'autre le soir d'une durée d'une heure. Le syndicat demandait que le repos du matin eut la même durée que celui du soir, soit une heure. Cette réclamation, présentée sous forme de pétition signée de 5o ouvriers, fut repoussée dédaigneusement par le patron. Tous les syndiqués, ainsi que quelques non-syndiqués, cessèrent le travail. M. Barbier fit venir la gendarmerie. Au bout d'une quinzaine, il fit savoir qu'il accordait ce qui était demandé, mais se réservait le droit de ne prendre que les ouvriers qui lui conviendraient. Ces propositions furent repoussées. Mais les ressources des grévistes étaient épuisées et ils durent reprendre le travail aux conditions offertes.

La Fédération faisait des progrès. Dans sa séance

du 24 juillet 1905, le comité fédéral admettait les syndicats de Dijon et de Sens. Dès sa formation, ce dernier voulut lutter contre la main-d'œuvre militaire. Les soldats de la garnison avaient pris l'habitude de travailler dans les jardins de la ville pendant leurs heures de sortie. Ils faisaient ainsi une concurrence funeste à la main-d'œuvre civile. Après une intervention de la Fédération Horticole (lettre du 12 septembre 1905), le syndicat de Sens obtint satisfaction (1).

Il fallait songer à l'organisation du IIe congrès ; le 22 juin le comité fédéral adressa un referendum aux syndicats pour choisir le lieu de réunion. Paris, Vitry, Narbonne, Montreuil, se prononcèrent pour Orléans. Il se tint dans cette ville les 29-30 septembre 1905.

A cette date, la Fédération comptait 8 syndicats. Cependant la propagande n'avait pas donné de résultat, et le rapporteur au congrès le constatait avec regret. Une circulaire avait été envoyée aux Bourses du Travail dès la constitution de la Fédération, pour leur demander de mettre la Fédération en relations avec les syndicats de jardiniers de leur région. Mais il fallut constater que la plupart n'existaient que nominalement. A Lunéville, le comité

_______

1. Lettre du commandant d'armes, interdisant aux soldats de travailler dans la ville, 16 septembre 1905.

fédéral envoya des statuts syndicaux, des modèles
de cartes ; un syndicat y fut constitué, mais il disparut dès sa naissance. Une tentative faite à Alger
resta infructueuse. A Nantes une Chambre syndicale
existe, mais elle ne réunit que quelques ouvriers et
n'a pas adhéré à la Fédération. Pour que la propagande aboutit, il eut fallu envoyer des conféren-
ciers dans les villes. mais les ressources de la caisse
ont toujours été trop faibles pour permettre cette
dépense.

Malgré ces progrès médiocres, la Fédération ne se
découragea pas. Au mois de novembre, elle intervint
auprès du Ministre de l'Instruction Publique, pour
faire voter un supplément de crédit de 10.000 francs,
destinés à augmenter le salaire des ouvriers jardiniers
du Muséum d'histoire naturelle. Après plusieurs
entrevues avec le Ministre, il fut convenu que ce
crédit serait demandé au Parlement, lors de la discussion du budget.

Au début de 1906, le syndicat de Paris fit une
nouvelle tentative. Jusqu'alors, son action s'était
bornée à l'organisation matérielle et à l'étude des
revendications les plus urgentes. Il voulut « passer
dans la période des réalisations ». Au mois de janvier, il lançait une circulaire de propagande dans
tous les milieux jardiniers, les invitant à se syndiquer
et à se préparer pour une grève générale.

Des revendications furent établies pour chaque

spécialité horticole (1). Elles furent présentées aux quatre syndicats patronaux représentant ces spécialités le 1er mars. Un délai de quinze jours leur fut accordé pour prendre une décision. Dans cet intervalle, des conférences furent organisées chaque jour dans Paris et la banlieue pour préparer un mouvement de grève générale (2). Le groupe des jardiniers

1. Revendications de 1906 :

I. — *Horticulteurs, entrepreneurs-paysagistes, pépiniéristes, marchés, maisons bourgeoises :* journée de dix heures, salaire minimum o fr. 6o l'heure, heure supplémentaire o fr. 9o, suppression de la nourriture et du couchage, repos hebdomadaire, suppression du travail à la tâche.

II. — *Maraîchers :* journée de douze heures, salaire minimum o fr. 6o l'heure, heure supplémentaire o fr. 9o, suppression de la nourriture et du couchage, repos hebdomadaire, suppression du travail à la tâche.

III. — *Fleuristes :* journée de dix heures pour les ouvriers, neuf heures pour les ouvrières, salaire minimum de 6 francs pour les ouvriers, 5 francs pour les ouvrières, heure supplémentaire 1 franc, suppression de la nourriture et du couchage, repos hebdomadaire.

IV. — *Jardiniers des cimetières :* limitation de la journée de travail basée sur la durée d'ouverture des cimetières, mais n'excédant pas dix heures, salaire minimum 6 francs par jour, heure supplémentaire o fr. 9o, repos hebdomadaire.

Les quatre divisions correspondent aux quatre divisions syndicales des patrons de la Seine.

2. Conférences : le 1er mars à Bourg-la-Reine, le 2 à Ivry, le 3 à Bobigny, le 4 à Aubervilliers. le 5 à Châtenay, le 6 à Arcueil-les-Moulineaux, le 8 à Stains, le 9 à Boulogne, le 10 à Issy-les-Moulineaux, le 11 à Drancy, le 12 à Villemonble, le 13 à Maisons-Alfort, le 14 à la Garenne-Colombes, le 16 assemblée générale à la Bourse du Travail de Paris.

syndiqués de Versailles, affilié au syndicat de Paris, soumit au syndicat patronal de Seine-et-Oise les mêmes revendications. Le 15 mars, les patrons firent savoir qu'ils ne pouvaient accepter le tarif ouvrier. Le lendemain, une grande réunion annoncée depuis le 1er mars par l'*Ouvrier Horticole*, eut lieu dans la grande salle des fêtes de la Bourse du Travail de Paris. On y vota avec enthousiasme la grève générale. Toutes les spécialités y prirent part ; sur 9.000 ouvriers que compte la corporation, il y eut pendant les cinq ou six premiers jours 6.000 grévistes. Mais la grande majorité était encore sans éducation syndicale et beaucoup reprirent peu à peu le travail. Il y eut, d'ailleurs, d'autres fautes. Le mouvement ne devint général qu'au bout de quelques jours. L'*Union Fleuriste* déclara la grève dix jours après le syndicat de Paris ; le syndicat de Vitry huit jours avant et son attitude était d'autant plus surprenante que son délégué au comité fédéral avait dit, dans la séance du 12 février, que Vitry ne ferait pas la grève et prêterait seulement son concours moral et financier. Ce furent là des fautes de tactique qui ne se reproduiront plus à l'avenir, mais qui ont, à cette date, porté préjudice aux syndiqués. En effet, devant cette action désordonnée et sans cohésion, les patrons ne firent pas droit à toutes les revendications. Ils consentirent seulement des améliorations.

Les maraîchers dont le labeur est le plus pénible sont ceux qui obtiennent le moins de satisfaction : une diminution minime des heures de travail et une augmentation de salaire de 5 à 10 francs par mois.

Chez les horticulteurs, on supprime la nourriture et le couchage dans la proportion de 50 o/o. La journée de travail qui était avant la grève de treize à quinze heures est réduite à dix et douze heures. Un salaire minimum de 5 francs par jour ou o fr. 50 l'heure, au lieu de 45 et 50 francs par mois nourris et couchés. Certains entrepreneurs payent le tarif syndical o fr. 60 l'heure.

Les pépiniéristes ont, pour la plupart, traité individuellement. Ils se voient accorder une diminution des heures de travail avec augmentation des salaires.

Les ouvriers des marchés et ceux des maisons bourgeoises obtiennent des améloriations minimes.

Par contre, deux catégories de jardiniers, les ouvriers des cimetières et les fleuristes, ont pu passer de véritables contrats collectifs de travail avec leurs syndicats patronaux respectifs (1). C'était là le

--------

1. Voici la copie textuelle de ces deux contrats à titre documentaire :

« Entre MM. etc., représentant la Chambre syndicale de la marbrerie de la Seine et MM. etc., représentant le Syndicat ouvrier *Les Jardiniers,* soussignés et au nom de leurs mandants, il a été ainsi arrêté les conditions du travail des ouvriers

succès marquant de cette grève ruineuse. Aussi il fallait le conserver à tout prix. La Fédération décida d'imprimer ces contrats sous forme de circulaires et d'en envoyer un exemplaire à tous les ouvriers et patrons des spécialités intéressées et d'exercer une pression sur les maisons qui n'appliquaient pas les nouvelles conditions de travail.

Les jardiniers de Versailles obtinrent, eux aussi,

jardiniers employés chez les marbriers des cimetières de la Seine :

« 1° La journée de travail est basée sur la durée d'ouverture des cimetières, mais n'excédant jamais, dans les plus grandes journées, dix heures de travail effectif ;

« 2° Le salaire est fixé au minimum de 6 francs par jour, en toute saison, pour les ouvriers jardiniers ;

« 3° Les heures supplémentaires sont rétribuées à raison de o fr. 75 l'heure ;

« 4° Le repos hebdomadaire est obligatoire, dans la mesure du possible, pour chacun des ouvriers, en toute saison et non rétribué. Il sera établi, d'un commun accord, soit le dimanche, soit par roulement.

« Le présent contrat, fait de bonne foi, entre les parties représentées, est valable pour la durée de trois années et résiliable dès l'instant où il ne serait pas loyalement appliqué. Toutefois, sans aucune formalité, il se renouvellera de lui-même tous les trois ans, si l'une ou l'autre des parties n'a pas manifesté par lettre recommandée, adressée au représentant officiel de la partie adverse, au moins quarante-cinq jours avant l'expiration trisannuelle, son intention d'apporter des modifications au présent contrat.

« Fait à Paris, le 3o mars 1906, en triple exemplaire, dont l'un sera déposé au Conseil des Prud'hommes de la Seine, l'au-des améliorations. La grève eut même des résultats indirects, puisque à Sèvres, Meudon, Bellevue, Garches, Saint-Cloud, Viroflay, les jardiniers virent angmenter leurs salaires.

Elle eut aussi des effets moraux excellents : outre qu'elle développât l'esprit de solidarité, l'esprit de lutte, elle fortifia le syndicalisme. Six syndicats nouveaux prirent naissance à Sèvres, Ville-d'Avray (28 mars, 38 adhérents), Saint-Cloud, Vaucresson, Garches, Meudon. Ces treize jours de lutte

---

tre à la Chambre syndicale de la marbrerie de la Seine, le troisième au syndicat ouvrier *Les Jardiniers*.

(Suivent les signatures)

« 1º MM. etc., représentant la Chambre syndicale des Fleuristes en boutique de Paris ;

« 2º MM. etc., représentant l'Union Fleuriste ;

« 3º MM. etc., représentant le syndicat *Les Jardiniers*.

« Ont arrêté de la manière suivante les conditions de travail des ouvriers et ouvrières employés dans les magasins de fleurs naturelles :

« Article premier. — La journée commence à 7 heures du matin pour les hommes et à 8 heures pour les femmes et se termine à 8 heures du soir. Elle est coupée par un repos d'une heure et demie. Elle ne peut excéder onze heures et demie de travail pour les hommes et dix et demie pour les femmes.

« Art. 2. — Les heures supplémentaires sont payées soixante-quinze centimes l'une.

« Art. 3. — La nourriture et le couchage sont supprimés à l'exception toutefois des femmes pour lesquelles ce régime pourra être maintenu après entente entre elles et leurs patrons.

avaient épuisé les ressources de la caisse fédérale et elles auraient été insuffisantes si les grévistes n'avaient reçu 1792 francs, produit d'une souscription ouvrière.

Ils sortaient victorieux de la lutte ; sans argent, ils n'en continuèrent pas moins l'action syndicale. Après trente mois de promesses vaines, les ouvriers du

---

Le prix de la nourriture est évalué à quatre-vingts francs par mois.

« Art. 4. — Le port de la casquette est facultatif.

« Art. 5. — Le salaire est fixé au minimum de cent cinquante francs par mois pour les ouvriers et ouvrières ayant atteint l'âge de dix-huit ans, et sans défalquer de cette somme le repos accordé.

« Art. 6. — Il est accordé sans retenue sur le salaire fixé au mois une journée entière et deux demi-journées ou deux journées entières ou quatre demi-journées à la volonté des patrons, mais après entente des parties, soit le dimanche, soit par roulement.

« Art. 7. — Le délai de préavis en cas de congé est fixé à huit jours.

Le présent contrat fait de bonne foi, entre les parties représentées, est valable pour la durée d'une année à partir de ce jour. Toutefois, sans aucune formalité, il se renouvellera, etc.

« Les parties prennent l'engagement formel de faire exécuter le présent contrat par leurs mandants à peine de résiliation et de ne pas contracter isolément des engagements particuliers dont les dispositions seraient contraires à celles spécifiées ci-dessus.

« Fait en trois exemplaires qui seront déposés au siège de chacune des Chambres syndicales susvisées, à Paris le 5 avril 1906. »

(Suivent les signatures)

Muséum obtinrent satisfaction : repos hebdomadaire, un congé annuel de quinze jours payés, la titularisation immédiate, et la promesse d'augmenter les salaires aussitôt que la somme de 10.000 francs réclamée pourrait être distraite d'un budget similaire.

Mais si le mouvement syndical se développait dans la Seine, il n'en était pas de même en province. La Fédération y eut à subir des défections. On signale bien en juin 1906, à Ollioules, près de Toulon, une grève de 300 jardiniers. Mais les syndicats de Narbonne et de Lyon disparaissent. Le IIIe congrès qui devait être organisé par le syndicat de Lyon les 14-16 septembre 1906 dut se tenir à Paris les 28-30 septembre, car le syndicat de Lyon ne vivait plus.

Pendant l'année 1907, il y eut quelques conflits. Le secrétaire de la Bourse du Travail de Saint-Etienne nous signale la fondation, au mois de mai, d'un syndicat de maraîchers. Dès sa naissance, il se mit en grève, réclamant une diminution du temps de travail et une augmentation des salaires : 25 patrons sur 34 acceptèrent les desiderata des ouvriers (20-23 mai 1907).

Au mois de juin, il y eut une grève à Saint-Cloud et dans les environs. Les ouvriers jardiniers demandèrent au syndicat patronal de Seine-et-Oise la journée maxima de douze heures, minima neuf heures, un salaire minimum de 0 fr. 60 l'heure, le paiement

des heures supplémentaires o fr. 75 l'une, la suppression de la nourriture et du couchage. Les patrons
repoussèrent ces revendications. Après quinze jours
de lutte, les jardiniers de Saint-Cloud, Garches, Vaucresson, Sèvres, Bellevue, Meudon, Ville-d'Avray,
obtinrent une augmentation de salaire de o fr. o5
par heure, soit o fr. 55 au lieu de o fr. 5o et le paiement de l'heure supplémentaire o fr. 75. Il ne fut
pas accordé satisfaction sur les autres points. Si cette
grève n'aboutit qu'à des résultats partiels, c'est surtout par suite de sa mauvaise organisation. Il n'y eut
pas pendant cette lutte un comité permanent chargé
d'exciter les courages et de veiller sur les défaillan-
ces. Aussi, elles se produisirent nombreuses et, pour
faire cesser le mouvement, les patrons n'eurent qu'à
faire quelques faibles concessions.

Le mouvement syndical s'est accru quelque peu
pendant cette période. Au iv° congrès horti-
cole (Montreuil-sous-Bois, 21-22 septembre 1907) la
Fédération comptait 14 syndicats adhérents : Paris,
Montreuil-sous-Bois, Orléans, Vitry-sur-Seine,
Dijon, Sens, Versailles, Vaucresson, Garches, Belle-
vue-Meudon, Montpellier, Poitiers, Saint-Cloud,
Sèvres ; des syndicats se sont créés récemment à
Montivilliers (Seine-Inférieure), à Meaux (S. de Ma-
raîchers), à Rouen, à Nanterre et en Seine-et-Oise
dans la région de Houilles, Carrières et Montesson
(S. de Champignonnistes).

Depuis sa lutte de 1906, le syndicat de Paris est resté dans le recueillement. Mais des revendications nouvelles viennent d'être présentées récemment aux Syndicats patronaux de la Seine. Les syndiqués reprennent le tarif de 1906, mais en majorant quelques prix. Le salaire minimum des horticulteurs y est porté à 0,70 au lieu de 0,60 l'heure. Les fleuristes demandent 7 francs par jour pour les deux sexes au lieu de 5 et 6 francs, les ouvriers des cimetières 7 francs au lieu de 6. Les heures supplémentaires devront être payées 1 franc et non plus 0,90. Comme en 1906, on réclame la journée de 10 heures (les maraîchers 12 h.), le repos hebdomadaire, la suppression du travail à la tâche, de la nourriture et du couchage. Les fleuristes demandent, en outre, la suppression du port de la casquette à réclame. Les patrons n'ont pas accepté ces revendications. Les ouvriers jardiniers des cimetières ont cessé le travail depuis la fin du mois de mars dernier. Dans une grande réunion tenue à la Bourse du Travail le 10 avril, 2.000 ouvriers jardiniers de Paris et la banlieue ont décidé la grève générale.

# CHAPITRE V

## Les ouvriers agricoles du Nord

---

### Section I

### *Le mouvement syndical en Seine-et-Marne*

Le Nord-Est de la France, Seine-et-Marne, Oise, Aisne, etc., est une région de grande culture où les fermes ont une étendue qui va parfois jusqu'à 200 ou 300 hectares. L'exploitation de ces importants domaines exige de la part des fermiers l'emploi d'un nombreux personnel ouvrier : des journaliers et tâcherons, qui habitent hors de la ferme, sont payés soit à la journée, soit à l'entreprise, et prennent leurs repas chez eux ; des domestiques, (maîtres, valets, charretiers, compagnons, bouviers, bergers, hommes de bricole) qui sont payés soit à l'année, soit au terme, et sont généralement logés et nourris. Dans chaque exploitation, il y a en moyenne 15 à 20 ouvriers au mois et des journaliers que l'on prend suivant les besoins. Il y a donc dans cette région deux classes sociales très distinctes : d'une part le fermier, gros capitaliste qui vit luxueusement, — chevaux de selle, automobile — et, d'autre part, l'ouvrier qui vit de son salaire quotidien. Le petit possédant est infiniment rare. Dans l'arrondissement de Senlis (Oise), il n'existe même pas. Sur 100 familles ouvrières, 90 vivent au jour le jour. L'agriculture y est donc organisée sur le même modèle que l'industrie. C'est déjà là une explication des conflits qui se sont **produits**.

En Seine-et-Marne, la population ouvrière est particulièrement dense. La statistique agricole de 1892 y accuse 37.500 ouvriers et ouvrières, soit 2.035 ouvrières, 1.354 enfants et 35.589 adultes. Et cette statistique ne compte pas les Belges qui viennent y séjourner une partie de l'année. Les journaliers et tâcherons sont au nombre de 18.591. Ils possèdent pour la plupart des lopins de terre et complètent, par le salaire qu'ils vont chercher à la ferme voisine, la maigre rente sortie de leur sol. Les domestiques de ferme sont au nombre de 16.800.

Avant les grèves de 1906, ces ouvriers gagnaient des salaires assez réduits. L'enquête décennale nous dit que l'homme de journée (non nourri) gagne en Seine-et-Marne 3 fr. 87 en été et 2 fr. 88 en hiver ;

la femme 2 fr. 26 en été et 1 fr. 74 en hiver. Ces moyennes paraissent encore supérieures à la vérité et devaient être bien rarement atteintes. C'est ainsi que dans le canton de Claye-Souilly, les journaliers étaient payés 2 fr. 75 l'été avant les grèves du mois de mai et les femmes 1 fr. 25 à 1. fr. 45. Dans le Multien, les ouvriers journaliers avaient 2 fr. 50, les femmes 1 fr. 25 à 1 fr. 40. A Brie-Comte-Robert, ils avaient 3 francs l'été, 2 fr. 50 l'hiver. Les charretiers et compagnons gagnaient en moyenne 700 francs par an, les commis de culture et les bergers 650, les hommes à tout faire 550, les servantes et les jeunes gens au-dessous de 16 ans 300 francs. Dans ces prix sont compris la nourriture et le couchage. Ils sont loin, d'ailleurs, d'être fixes et uniformes. Ils varient de pays à pays, de commune à commune, de ferme à ferme. C'est ainsi que dans le canton de Claye-Souilly, les charretiers recevaient, sans être logés ni nourris, 90 francs par mois, c'est-à-dire 880 francs par an. Dans le canton de Danmartin, ils avaient 85 à 90 francs, dans le Multien 80 à 85 francs, à Lizy-sur-Ourcq 100 francs ainsi qu'à Mormant et à Brie-Comte-Robert (toujours sans nourriture ni logement).

Ces salaires pouvaient suffire aux ouvriers logés à la ferme et célibataires, mais ils ne pouvaient pourvoir aux besoins de toute une famille. A Crépy-en Valois, tous les ouvriers qui ont des enfants et

qui n'ont pour ressource que leur travail, sont inscrits à l'Assistance Publique. Les célibataires eux-
mêmes, s'ils n'étaient pas aux prises avec la misère,
se plaignaient néanmoins de leur situation. Ils trouvaient leur rémunération non proportionnée avec le
nombre des heures de travail. Dans les fermes du
Nord, où le travail se fait à l'aide de chevaux, l'ouvrier doit se lever vers 1 heure du matin pour
« donner la botte » et, quelques heures plus tard, il se
relève pour accomplir une journée de 13 heures en
moyenne. Le dimanche, le repos n'est pas complet,
car si l'on suspend ce jour-là le travail des champs,
il faut cependant soigner comme toujours les chevaux de la ferme. Les plaintes des ouvriers portaient
encore sur la nourriture qui était trop peu variée.
Un ouvrier écrit au *Briard* le 11 novembre 1902 :
« nous avons du porc d'un bout de l'année à l'autre ». Les conditions du couchage ne sont pas meilleures : « Ils dorment à l'étable, respirant un air
vicié par la poussière et les exhalaisons malsaines
des animaux. Leurs lits étroits, formés d'une mauvaise paillasse, s'échelonnent les uns au-dessus des
autres, du sol jusqu'aux solives. Les lits du bas sont
généralement à quelques centimètres du derrière
des chevaux qui salissent les draps. Enfin, certaines
maîtresses de maison négligent pour le linge du
lit les soins élémentaires de propreté et d'hygiène. Les ouvriers citent des fermes où leurs

draps ne sont blanchis que tous les trois mois.» (1).

En présence de cet état de choses, l'idée syndicale devait naître. Les ouvriers agricoles n'avaient-ils pas, d'ailleurs, l'exemple des bûcherons et des ouvriers agricoles du Midi qui, groupés en syndicats, avaient vu depuis longtemps hausser leurs salaires. Cependant, si l'idée de révolte germait dans le cerveau des ouvriers, c'était d'une façon sourde et latente. Personne ne voulait tenter la première aventure.

Ce fut en Seine-et-Marne que cette idée prit corps. Au moment des élections législatives de 1906, l'état surexcité des esprits était propice à l'éclosion du mouvement. Partout, dans les arrondissements de Melun, Meaux et Provins, les candidats en tournée durent répondre à des questions posées par les ouvriers agricoles sur le syndicalisme. Dans le département de Seine-et-Marne, après une longue période d'incubation, l'idée syndicale était arrivée à maturité. Néanmoins, pour passer de l'idée à l'acte, du désir de s'organiser à l'organisation, il fallait une initiative heureuse. Elle vint du département de Seine-et-Oise.

Une grève prit naissance dans l'arrondissement de Pontoise, à Gonesse, dans la deuxième quinzaine de mars. Elle dura peu ; les ouvriers obtinrent satis-

---

1. Jean Vernant. « Le mouvement ouvrier en Seine-et Marne. » (*Almanach du père Gérôme*, 1907, Provins).

faction. Mais l'exemple était donné. La grève se propagea de commune en commune et gagna, en Seine-et-Marne, le canton de Claye-Souilly. Le mardi, 8 mai, elle était déclarée à Mitry-Mory, tant à la sucrerie de M. Piot que dans son exploitation agricole et dans celles des autres fermiers de la commune. Tandis que les fermiers méditaient sur les revendications présentées, les grévistes allaient débaucher les ouvriers de Messy. En revenant à Mitry, 36 heures après le début de la grève, ils acceptaient les propositions des patrons. Pendant ce temps, les ouvriers de Messy étaient allés débaucher ceux de Saint-Mesmes. Bref toutes les communes du canton y passèrent successivement. Le 19 mai tout rentrait dans le calme. Une transaction entre ouvriers et fermiers marquait la cessation des hostilités.

Dans ce canton de Claye, les salaires étaient particulièrement bas avant la grève. Les charretiers réclamaient 110 francs (sans logement et sans nourriture), les journaliers 4 francs et les femmes 2 francs. Ils demandaient en outre que la demi-journée du dimanche leur soit comptée entière et la journée double. De plus, chaque ouvrier sédentaire disposerait comme auparavant de 2 à 6 ares pour cultiver ses légumes. Grâce à M. Pelletier, conseiller général, des ententes se firent dans chaque commune. Partout ces conditions furent acceptées. Dans quelques fermes à Yverny, Plessis-au-Bois, Plessy-l'Evêque, Villeroy, les ouvriers à la journée n'ont obtenu que 3 fr. 75 par jour. Dans ces derniers pays, il y a des charretiers qui cultivent quelques terres pour leur propre compte. On leur donnait gratuitement l'usage des chevaux et instruments agricoles le dimanche. Dorénavant ils paieront aux fermiers, pour ce service, une redevance de 30 francs par an par hectare cultivé. Ce prix est, d'ailleurs, peu élevé.

La grève ne s'en tint pas là, elle chemina lentement; après avoir suivi Nantouillet, Juilly, Charny, Plessis-au-Bois, Yverny, elle atteignit le 19 mai Forfry et Saint-Soupplets, Villenoix, Chauconin, Penchaud, le 23 Monthyon, le 24 Barcy. Tout le canton de Danmartin-en-Goële et une partie du canton ouest de Meaux étaient en grève. Elle ne s'attarda nulle part. Tandis que les grévistes d'un village allaient débaucher ceux d'un autre, leurs délégués traitaient avec les fermiers. Quelques-uns résistèrent, la plupart donnèrent complète ou demi-satisfaction (1).

Dans le canton de Danmartin, les salaires moyens obtenus étaient de 100 francs pour les charretiers, 3 fr. 50 pour les ouvriers à la journée, 2 francs pour les femmes. Le 25 mai, toute la région ouest de Meaux, c'est-à-dire la Goële, rentrait dans le calme.

---

1. Certains accueillirent les grévistes avec empressement et leur payèrent même à boire.

Le canton de Lizy-sur-Ourcq, qui se trouvait à l'est, ne se mit pas en grève. Les salaires y étaient en effet très élevés. Les charretiers gagnaient 100 à 110 francs, les ouvriers 3 fr. 50 l'hiver et 4 francs l'été. Aussi malgré une certaine agitation due aux échos de la révolte de Goële, il n'y eut pas de conflit.

Telle fut la genèse de ces premières grèves qui enthousiasmèrent les ouvriers par leurs résultats rapides et heureux. Les fermiers étaient déconcertés. Ils comprirent qu'à la force ouvrière, il fallait opposer l'entente patronale. Dans la deuxième quinzaine de mai, la Société d'Agriculture de l'arrondissement de Meaux se réunit à la Bourse du Commerce de Paris. 400 cultivateurs de Seine-et-Marne y assistaient. Ils nommèrent un comité chargé d'étudier la question des salaires et de recevoir les dépositions des cultivateurs dont les intérêts avaient été lésés par la grève. Le bureau décida de solliciter l'entremise de M. Menier, député, en cas de continuation de la grève et de fonder des syndicats patronaux.

Ces grèves eurent un grand retentissement dans la population ouvrière de Seine-et-Marne. En l'espace de quelques jours (7-28 mai), 1.000 grévistes avaient obtenu de fortes améliorations de salaires, et cela, sans aucune organisation syndicale, sans plan d'ensemble, sans similitude de revendications. Ce résultat se devait à l'enthousiasme, à la surprise. Pour le conserver et pour l'accroître, il fallait se grouper **en** syndicats.

Déjà, pendant que le nord du département était en grève, le sud s'organisait. A Lieusaint, les ouvriers agricoles causaient entre eux depuis longtemps de la nécessité de créer un syndicat pour obtenir l'amélioration de leur sort. A diverses reprises, ils avaient sollicité le concours d'un ouvrier mécanicien qui se mit à leur disposition ; mais rien n'aboutit, car aucun d'eux ne voulait être du bureau ou prendre la tête du mouvement dans la crainte de perdre son emploi. La tentative de Tremblay-la-Gonesse leur donna plus d'audace. On était en pleine période électorale. Les candidats aux élections législatives n'avaient pas encore exposé leur programme aux citoyens de Lieusaint. Quelques militants résolurent de demander au premier candidat qui ferait son apparition de les aider à constituer un syndicat. L'occasion ne se fit pas attendre. Vers la fin de mars, le citoyen Delaroue, au cours de sa réunion électorale, exposa la question syndicale aux ouvriers agricoles. Le 18 avril, un bureau provisoire fut nommé pour élaborer les statuts, et le 3 mai un syndicat fut définitivement constitué. Il eut pour titre : *Syndicat des ouvriers agricoles de la Brie.* Son siège social fut transféré à Melun, car il devait englober tous les syndiqués de l'arrondissement. De suite le secrétaire du syndicat, qui n'était pas un ouvrier agricole, mais un mécanicien sans travail, fit de la propagande dans tous les milieux ruraux avoisinants. Après une grève heureuse qu'il fit au mois de juillet, le syndicat groupa 13 sections : Moissy, Combes-la-Ville, Réau, Evry-les-Châteaux, Brie-Comte-Robert, Limoges-Fourche, Nandy, Chevry-Cossigny (23 m.), Cerveaux, Pouilly-le-Fort, Savigny-le-Temple, Coubert. A la fin du mois de juillet il comptait 840 adhérents.

Voyant les rapides progrès du syndicat de la Brie, les ouvriers de Provins se réunirent le 17 juin et, au nombre de 400, fondèrent un syndicat régional qui devait englober tous les syndiqués de l'arrondissement. Sans perdre de temps, le même jour, après avoir constitué le bureau, approuvé les statuts, reçu les cotisations, ils décidèrent de commencer une active propagande dans la région. A Chenoise (conférence de Jean Vernant), Jouy-le-Châtel, Saint-Hilliers, Maison-Rouge, Voulton, Villiers, Donnemarie, Bray, Nangis, des sections furent fondées. Le 21 novembre, le syndicat de Provins groupait 700 adhérents.

Vers la même époque, un mouvement syndical se dessinait à Mormant. Ce canton était resté en dehors de la propagande faite par le syndicat de la Brie ; il résolut de s'organiser seul. Il offrait un terrain particulièrement favorable à l'éclosion syndicale. Pays de grande culture, les petits propriétaires y sont complètement inconnus. La terre appartient en totalité à de gros fermiers qui donnent à leurs ouvriers des salaires très réduits. On cite un fermier qui payait son charretier 66 francs par mois. L'idée syndicale prit bien vite corps. Un mécanicien de Mormant, Jauze, en fut le protagoniste. Il alla de ferme en ferme trouver les ouvriers, leur fit comprendre les avantages de l'organisation. Après cette préparation en quelque sorte individuelle, tout le prolétariat du canton fut convoqué à une réunion le 24 juin. A la suite d'une conférence faite par Dret, de la Confédération Générale du Travail, un syndicat fut constitué avec 400 adhérents ; quelques jours après, il en avait 800.

Mais si le sud du département s'organisait pour des luttes futures, le nord, après l'épreuve dans laquelle il s'était engagé, comprit bien vite que l'association seule pouvait maintenir les résultats acquis. Le 15 juin, les ouvriers de la région de Claye-Souilly se réunissaient à Mitry-Mory et y fondaient un syndicat. Le 17 juin, la Goële se groupait. 80 ouvriers de Plessis-l'Evêque, Yverny, la Baste, Plessis-au-Bois, Vinante, Cuisy, se réunissaient à Plessis-l'Evêque et y fondaient une association. Le secrétaire général et le trésorier de la Bourse de Meaux firent de la propagande et des syndicats virent le jour à Lizy-sur-Ourcq, Oissery, Thieux (conférence de J. Vernant), Nantouillet, Messy.

A peine formé, le syndicat de Mormant se réunissait le 8 juillet et décidait de convoquer par lettres individuelles tous les patrons à une réunion qui aurait lieu le 15. Le but poursuivi était de faire reconnaître l'existence du syndicat par les fermiers et de les obliger à traiter aux conditions fixées par le syndicat et non de gré à gré avec les ouvriers. Mais à la réunion du 15, cinq ou six fermiers seulement étaient présents. Une deuxième tentative resta sans effet. Devant ce parti-pris, les syndiqués se réunirent le 19 juillet et votèrent la grève immédiate. Dans chaque commune du canton, le syndicat avait un délégué qui transmit la décision. De suite, 800 ouvriers quittèrent le travail et descendirent à Mormant en bataillons serrés. Deux réunions eurent lieu. Le lendemain, des patrouilles parcoururent les champs où quelques rares ouvriers travaillaient encore, si bien que le 31, à midi, tout travail avait cessé. Il n'y eut pas de violence, pas d'excès ; pas une arrestation pour fait de grève ne fut opérée. La gendarmerie était inutile. « Elle s'est d'ailleurs bien conduite », au dire des grévistes. Les patrouilles partaient dans les champs, accompagnées de gendarmes. A aucun moment ceux-ci ne songèrent à leur interdire la propagande pacifique.

Les revendications portaient sur les salaires. Le

syndicat demandait 1.300 francs pour les charretiers (ni logés ni nourris) au lieu de 1.100 francs, prix antérieur ; 130 francs par mois pour les bergers au lieu de 110 francs ; 4 francs par jour pour les hommes de journée au lieu de 3 fr. 25 ; 2 francs pour les femmes au lieu de 1 fr. 50 ; 80 francs par mois pour les compagnons (nourris) au lieu de 60 francs. Ces revendications n'étaient pas faites pour plaire aux fermiers, mais on se trouvait à l'époque de la moisson : un retard de quelques jours pouvait la compromettre ; il fallait transiger à tout prix. De plus, l'opinion publique était favorable aux grévistes, ainsi que les pouvoirs publics. Le Préfet fit céder les fermiers. Convoqués à la mairie le 23 juillet, ils reconnurent le syndicat. Le bureau du syndicat ouvrier fut alors admis à discuter avec les patrons le taux des salaires et une transaction intervint. Les charretiers étaient payés 1.250 francs, les bergers 130 francs (avec le chien à leur charge), les compagnons 80 francs nourris, les hommes de journée 3 fr. 50, les femmes 2 fr. La grève cessait le soir même, sauf chez quelques patrons irréductibles. Le mardi matin, 24 juillet, la reprise du travail était générale dans la région de Mormant (1).

---

1. Cette grève dura quatre jours, c'est-à-dire du 20 au 24 et non du 20 au 25. Il y eut 800 grévistes au maximum et non 1.200, comme le prétend le *Bulletin de l'Office du Travail*.

A peine terminée à Mormant, la grève reprenait dans le canton voisin de Brie-Comte-Robert. Le syndicat de la Brie y était tout puissant ; il avait fondé des sections dans chacune des communes. Le 23 juillet, au moment où les ouvriers de Mormant reprenaient le travail, ceux d'Ivry-les-Châteaux, Grégy, Chevry, et Coubert se mettaient en grève ; à Brie même, certaines fermes chôment. Peu à peu, la grève gagne en étendue. Des réunions ont lieu dans les sections le 25 juillet, et après avoir constaté que les patrons n'ont pas répondu à l'ultimatum du syndicat, on décide la suppression du travail dans tout le canton de Brie le 26 juillet. Les grévistes établissent leur quartier général à Lieusaint, là où était née la première idée d'organisation syndicale. C'est aussi le quartier général des gendarmes qui ont été mandés en toute hâte. Ils sont d'ailleurs peu nombreux et seront bien désarmés en présence de la tactique des grévistes. Après une promenade matinale dans la ville, au chant de l'*Internationale*, pour rallier les retardataires, le cortège se divise en patrouilles. Un chef commande 100 grévistes, quatre gendarmes suivent chacune de ces compagnies. Mais à la sortie de la ville, de nouveaux chefs surgissent. Les patrouilles se disloquent ; une seule en forme quatre maintenant. Les gendarmes deviennent impuissants ; ils en sont réduits à suivre une patrouille et à laisser aller les autres sans escorte et ceci permet aux grévistes de débaucher les *jaunes* dans les champs, d'aller aux alentours des fermes empêcher les ouvriers de donner la botte au chevaux, de faire cesser le travail dans toute la région. Le 28 juillet il y eut une manifestation imposante. C'était le jour de la distribution des prix à l'école communale de Lieusaint. Au moment le plus solennel, les grévistes entrèrent dans la cour de l'école avec tambour et drapeau rouge, et le chant de l'*Internationale* remplaça, pour une fois, la *Marseillaise* officielle. La grève cessa bien vite. Terminée à Brie-Comte-Robert le 27, elle prit fin partout le 28 par une transaction. Le travail reprit le 30 juillet.

Les salaires se trouvaient améliorés. Les charretiers obtenaient 1.200 francs au lieu de 1.000 ; leurs déplacements payés. Il y avait sur ce point un avantage marqué sur le tarif de Mormant suivant lequel les charretiers payés 1.250 francs avaient les déplacements à leur charge. Les journaliers obtenaient 3 francs par jour pendant 3 mois d'hiver au lieu de 2 fr. 50 et 3 fr. 75 pendant le reste de l'année au lieu de 3 francs. Les journées de moisson valaient le double. Les femmes étaient payées 2 francs au lieu de 1 fr. 50. Dans quelques fermes, on leur donnait 2 fr. 25. Quant aux bergers, leur salaire fut le même qu'avant la grève, car ils ne formulèrent pas de revendications et ne prirent aucune part à la lutte.

Après ces grèves de Mormant et de la Brie, le syndicat de Provins aurait bien voulu, lui aussi, manifester sa vie par une action d'ensemble. Il avait fait une propagande active, créé des sections dans nombre de communes, mais par crainte de ne pas voir aboutir une action embrassant tout l'arrondissement, il se contenta de permettre aux sections, où la propagande avait été particulièrement intensive, d'établir des séries de prix relatives à l'arrachage des betteraves et de les adresser aux fermiers.

La section de Chenoise profita de cette décision. Elle se réunit le 22 septembre pour établir un tarif; une délégation de 6 membres fut nommée pour exposer aux patrons les revendications ouvrières ; mais ils ne répondirent pas à l'appel qui les convoquait pour le 27 septembre. De nouvelles convocations leur furent envoyées pour le 29. Sur 42 fermiers, 15 se présentèrent. Les négociations étaient donc impossibles. Elles furent reportées au 2 octobre.

Mais à cette réunion du 2 octobre, le nombre des patrons diminua encore. Un certain nombre stationnaient devant la mairie, mais se refusaient à y entrer. En séance, M. Bourbonneux, fermier et maire de Chenoise, annonce que les fermiers se sont formés en syndicat et qu'ils proposent aux ouvriers 20 francs l'arpent pour l'arrachage des betteraves sucrières (1), mais il ne peut s'engager en leur nom.

Les patrons, dit-il, se réuniront le 6 pour nommer des délégués qui traiteront ensuite avec les délégués ouvriers. Cette proposition n'était évidemment qu'une manœuvre déguisée, destinée à gagner du temps pour laisser se terminer l'arrachage des betteraves. Repousser la discussion de huit jours, c'était mettre les ouvriers dans l'impossibilité de faire grève. Deux fermiers de Limars, MM. Profit père et fils qui, dès le début, avaient accepté le tarif ouvrier, prennent alors la parole pour reprocher en termes très vifs l'attitude de leurs collègues. La réunion se termina sans résultat. Le soir, à 8 h. 1/2, les ouvriers et ouvrières de Chenoise et des environs assistent à une réunion. On y acclame la générosité de M. Profit, maire de Mortery et conseiller d'arrondissement, et, à l'unanimité, la grève est déclarée. Elle n'atteindra que les fermes touchées par les convocations du syndicat et, chez les fermiers qui accepteront les revendications, le travail continuera. Ces résolutions sont adoptées au milieu de la joie débordante de l'assemblée. Jean Vernant exhorte les grévistes au calme le plus complet, les engage à mettre le cabaret à l'index, et à ne pas dépasser la limite de leurs droits quand ils iront débaucher les ouvriers réfractaires : ils pourront les

---

1. Les ouvriers réclamaient 22 francs.

convaincre, mais non pas les contraindre ; ni violences de gestes, ni violences de paroles. Ils exerceront le droit de grève, ils respecteront le droit au travail. Pour soutenir la grève, le comité du syndicat de Provins mit à la disposition de la section de Chenoise tous les fonds nécessaires. Les enfants eurent leur vie assurée. Les pères de famille, les célibataires dénués de ressources n'avaient qu'à s'adresser à un membre du comité de la grève qui leur délivrait immédiatement des bons de pain. Dans un sentiment de fraternité ouvrière, le comité décida que les vivres seraient répartis sans distinction entre les familles syndiquées et les non-syndiquées.

Le 3 octobre, à 5 heures du matin, les grévistes sont réunis place de l'Eglise à Chenoise. Ils se proposent d'aller présenter à tous les fermiers le tarif de leurs revendications. En bataillon compact, calmes, joyeux, drapeau rouge en tête, ils se présentent tout d'abord à la ferme de la Brosse, exploitée par M. Bouvrain fils. Ce dernier refuse de les recevoir ; ils demandent à parler aux ouvriers restés à la ferme : nouveau refus. Les grévistes suivent alors dans sa cour M. Bouvrain qui, en se retournant, menace les grévistes de son revolver. Loin de s'enfuir, ils reprochent au fermier sa conduite et débauchent la plupart de ses domestiques. A la ferme du Château, M. Bégis déclare ne pas pouvoir accepter les revendications du syndicat ouvrier, sans avoir

consulté le syndicat patronal. M. Bourbonneux fait
la même réponse. Les grévistes visitent ensuite les
fermes de Mortery et du Guéridon.

M. Profit les reçoit avec enthousiasme, depuis
longtemps il paye le tarif. Partout sur le passage des
grévistes le travail cesse ; les charretiers détellent
leurs chevaux, les arracheurs de betteraves quittent
les champs pour rentrer chez eux ou se joindre aux
patrouilles.

A 1 heure de l'après-midi, les grévistes rentrent à
Chenoise. Ils y trouvent le sous-préfet qui fait appe-
ler les ouvriers et les met en présence d'une quinzaine
de fermiers. Mais la réunion reste sans résultat. A
6 heures, deuxième entrevue ; les fermiers proposent
un tarif intermédiaire entre les prix antérieurs et les
prix réclamés. Ces propositions sont repoussées à
l'unanimité par les ouvriers.

Le 4 octobre à 5 heures du matin, les grévistes
battent le rappel dans Chenoise et se mettent en
marche avec tambour, clairon et drapeau rouge. Ils
chantent la *Marseillaise* et l'*Internationale*. Ils visitent les fermes de Chanois, du Plessis-Tourelles, de
Cucharmoy, de Vulaines. Les fermiers sont convoqués le même jour à 5 heures du soir par le sous-
préfet. En revenant de leur promenade, les grévistes
l'apprennent. Immédiatement, ils se mettent à la disposition du sous-préfet. Vu le délai restreint, ils lui
demandent la permission d'aider les gendarmes dans

la distribution des convocations aux fermiers. Le sous-préfet accepte très volontiers cette offre spontanée. Cette réunion du 4 octobre devait mettre fin à la grève (1).

Les 42 fermiers convoqués étaient présents. Ils nommèrent une commission chargée de s'entendre avec les délégués ouvriers : ceux-ci siégeaient à l'école communale, les délégués patronaux à la mairie. Le sous-préfet allait des uns aux autres, s'efforçant d'amener une entente. A 8 heures, elle se faisait aux conditions suivantes :

---

1. *Le Briard*, 10 octobre 1906.

|  | Prix anciens | Prix demandés | Prix obtenus |
| --- | --- | --- | --- |
| 1° Betteraves sucrières, arrachage, l'arpent.......................... | 17 francs | 22 francs | 22 francs |
| 2° Betteraves fourragères, arrachage........................... | 12 » | 15 » | 14 et 15 fr. selon l'année |
| 3° Chargement...................... | 4 » | 5 à 6 fr. | 5 à 6 fr. |
| 4° Couvrir les silos (le silo devant avoir 1 m. 50 de haut et 3 m. de base)........................... | 0,50 | 0,60 | 0,60 |
| 5° Epandage d'engrais 100 kgr.... | 0,50 | 0,45 à 0,55 | 0,45 à 0,55 |
| 6° Epandage du fumier........... | 2 francs | 2,50 à 3,50 | 2,50 à 3,50 |
| 7° Extraction de la marne........ | 0,65 | 0,75 | 0,75 |
| 8° Epandage de la marne ........ | 2 francs | 2,50 | 2,50 |
| 9° Bottelage de consommation.... | 1,50 | 2 francs | 2 francs |
| 10° Bottelage de la paille ........ | 1,50 | 1,75 à 2 fr. | 1,75 à 2 fr. |
| 11° Bottelage de commerce à 2 liens. | 2,25 | 2,50 | 2,50 |
| Bottelage de commerce à 3 liens. | 3 francs | 3,25 | 3,25 |
| 12° Décrottage des betteraves .... l'arpent.......................... | 15 » | 0,50 à 0,60 le mètre | 0,50 à 0,60 le mètre |
| 13° Binage des betteraves (3 façons) | 20 et 23 fr. | 32 francs | 28 francs |
| 14° Charretiers nourris........... | | 110 à 150 fr. hiver | 110 à 140 fr. |
| | | 250 à 300 fr. printemps | 250 à 280 fr. |
| | | 380 à 470 fr. été | 380 à 420 fr. |
| | | 740 à 920 fr. total | 740 à 850 fr. |
| 15° Charretiers non nourris ...... | | 120 francs au mois | 115 francs sans pièces |

Soit 1.380 francs pour l'année. En hiver la journée de travail sera de 8 heures, tous les charrois en dehors de l'exploitation seront payés à raison de 0 fr. 50, ceci pour tous les charretiers nourris ou non.

| | Prix anciens | Prix demandés | Prix obtenus |
|---|---|---|---|
| 16° Compagnons nourris au-dessus de 20 vaches......... | | 70 francs au mois | 60, 70 et 80 suivant l'importance du troupeau et 1 jour de congé par mois |
| Au-dessus de 30 vaches ........ | | 85 francs et 1 jour de congé par mois | |
| 17° Compagnons non nourris..... | | 120 francs par mois | 120 francs |
| 18° Bergers nourris............. | | 65 à 85 fr. | 60, 70, 80 fr. suivant troupeaux |
| 19° Bergers non nourris......... | 110 à 120 fr. par mois (chien à leur charge) | 125 à 150 fr. (id.) | 125 à 140 fr. (id.) |
| 20° Hommes de bricole (payés comme les charretiers). | | | |
| 21° Jeunes gens de 14 à 18 ans.... | | | 250 à 600 fr. |
| 22° Ménage de ferme (nourri et blanchi) ...................... | 100 à 105 fr. | 150 à 120 fr. | 105 à 115 fr. |
| 23° Hommes de journée (non nourris) hiver............. | 3 francs par jour | 3,50 | 3,50 |
| (la journée de moisson sera payée 9 fr. au lieu de 6 fr.) printemps ....... | 3,50 | 4 francs | 4 francs |
| été .............. | 3,50 à 3,75 | 4,50 | 4,50 |
| 24° Femmes de journée, hiver.. | 1,50 | 2 (et 8 h.) | 2 (et 8 h.) |
| été.... | 1,50 | 2 (et 10 h.) | 2 (et 10 h.) |
| 25° Ouvriers de machine......... | 0,40 l'heure | 0,50 | 0,45 avec 1/2 du déplacement payé |
| 26° Chauffeurs.................. | 3 francs | 4 (et 8 h.) | 3,50 (et 8 h.) |

27° Aucun ouvrier ne sera renvoyé pour faits de grève.

Le 5 octobre le travail fut repris. Il y avait eu 450 grévistes tant à Chenoise qu'aux environs ; une adresse de félicitations fut votée au sous-préfet.

Ce mouvement qui s'était dessiné à Chenoise pour l'arrachage des betteraves devait avoir une certaine répercussion. Le dimanche 7 octobre, après une réunion organisée par le syndicat de Provins et où il fut question des résultats obtenus par les grévistes de Chenoise, les ouvriers agricoles de Maison-Rouge fondèrent une section, élirent des délégués et, sans perdre de temps, décidèrent de convoquer les patrons pour le 9 octobre, afin de leur présenter des revendications. Ce mouvement rapide était voué à l'insuccès. 25 patrons sur 32 répondirent à l'appel, mais l'on discuta sans s'entendre. Les ouvriers ne cessèrent pas le travail.

Le 10 octobre une section se fonde à Saint-Hilliers, englobant les ouvriers des communes voisines : Courchamps, Mortery, Voulton, Rupéreux. Comme à Maison-Rouge, les ouvriers décident d'agir sur le champ. Le 12, des revendications sont présentées aux fermiers sans succès. Le 14, une deuxième réunion a lieu. Les patrons de Saint-Hilliers sont tous présents, mais on remarque l'absence des fermiers des communes environnantes. Avec l'aide du sous-préfet, l'entente se fait sur les bases du tarif de Chenoise. Devant l'absentéisme des fermiers de Voulton, Courchamps et Rupéreux, les ouvriers de ces trois communes tinrent une réunion à Voulton le 15 octobre et décidèrent la cessation du travail pour le lendemain matin. Tous les ouvriers de Voulton et Courchamps (150 à 200) chômèrent. Mais la grève eut peu de durée. A deux heures de l'après-midi, une entrevue des délégués ouvriers et des patrons permit d'établir les bases d'un accord. Le soir à cinq heures, l'entente se fit à la sous-préfecture de Provins au tarif de Chenoise (1).

Après ces grèves, le mouvement syndical se consolide. Le syndicat de Provins s'accroît de deux sections : Angers le 14 novembre et Montceaux-les-Provins le 18 novembre. Des conférences sont faites par J. Vernant, Lhoste, Lemoine. Des syndicats se fondent à Rozoy-en-Brie le 18 novembre, à Coulommiers, Aulnoy le 9 décembre (50 adhérents). Les syndicats déjà nés se consolident (2).

_______________

1. C'est à tort que le *Bulletin de l'Office du Travail* indique une grève à Maison-Rouge du 12 au 15 octobre, la grève eut lieu seulement à Courchamps et Voulton et ne dura que la journée du 15 octobre.

2. Le syndicat de Lizy-sur-Ourcq avait 15 sections : le 7 octobre il devait y avoir une réunion entre ouvriers et patrons de la région de Lizy pour débattre de nouvelles conditions du travail. Mais avant la réunion, le secrétaire du syndicat ouvrier reçut une lettre du président de la société d'agriculture, l'informant que le syndicat de l'arrondissement allait se transformer en syndicats cantonaux et qu'il fallait attendre. Quoi qu'il y eut là une fin de non-recevoir évidente, les ouvriers ne se sont pas mis en grève.

Au 1ᵉʳ janvier 1907, la situation se résume ainsi en Seine-et-Marne : quatre grands syndicats, Provins (800 m.), Mormant (800), la Brie (500), Lizy-sur-Ourcq, et quelques centres de moindre importance, soit en tout à peu près douze syndicats et 3.000 syndiqués. Il y a là une armée suffisante pour que ce soit déjà une force dans le département. Mais elle ne doit pas rester éparse et isolée. Il faut la coordonner, en former une Fédération qui organisera méthodiquement la propagande et pourra agir auprès des pouvoirs publics dans l'intérêt des ouvriers.

C'est le 6 janvier 1907, au congrès de Melun, que fut fondée cette Fédération. La plupart des syndicats du département étaient représentés : Mormant, le syndicat de la Brie (cantons de Brie-Comte-Robert et Melun), Rozoy, Provins, Thieux-Nantouillet, Plessis-l'Evêque (canton de Dammartin), Mitry-Mory, Messy (canton de Claye-Souilly), Lizy-sur-Ourcq. Le congrès prit deux décisions importantes : la création d'une Fédération régionale des syndicats et l'adhésion à la Confédération Générale du Travail. Enfin, E. Chauvin, député de Seine-et-Marne, fit une conférence sur le projet de loi sur les accidents agricoles dont il est rapporteur à la Chambre.

Le comité fédéral se mit à l'œuvre. Au mois de février il envoya une circulaire à tous les syndicats, les invitant à formuler des revendications. Mais pendant l'hiver de 1907, ils ne se départirent pas du silence. Ils ne tinrent que des réunions pacifiques où se manifesta l'esprit de solidarité ; quelques nouveaux syndicats prirent naissance : dans le canton de Rebais (20 janvier), dans la région de Serris (72 adhésions avec le groupe de Bailly-Romainvilliers), à Chessy (26 adhésions). Au mois de mars (18-21) il y eut un conflit dans la vallée de Lizy-sur Ourcq. Les charretiers obtinrent 105 francs par mois (prix demandé), les journaliers 3 francs pendant les mois d'hiver, 3 fr. 50 pendant le reste de l'année (prix demandés : 3 fr. 50 et 4 fr.).

Au printemps, les syndicats émettent des prétentions nouvelles. Le secrétaire du syndicat dé Provins organise du 30 mai au 8 juin dix conférences dans l'arrondissement. Il montre la nécessité d'imposer pour l'année 1907 un tarif de revendications. Il aura pour base l'établissement de deux saisons, saison d'été et saison d'hiver, avec des salaires différents pour chacune d'elles. La journée de travail sera réglementée : dix heures en été, huit heures en hiver, repos hebdomadaire complet. Le tarif s'intéressait au sort des bonnes de fermes pour lesquelles il y avait un minimum de salaire. Les ouvriers demandaient, en outre, une nourriture meilleure et un couchage mieux aménagé. Les patrons n'acceptèrent pas ces revendications. Ils déclarèrent qu'ils s'en tiendraient aux prix fixés lors de la grève de Chenoise le 16 octobre 1906 ; aussi, au cours d'une réunion tenue le 9 juin, les syndiqués décidèrent de cesser le travail. Dans la ville de Provins, il y eut peu de grévistes, car les ouvriers agricoles y étaient relativement bien payés, mais la grève régna dans toutes les campagnes où la population ouvrière était dense : à Chenoise, Cucharmoy, Vulaines, Maison-Rouge, Nangis, Villiers-Saint-Georges, Voulton, etc. Après quelques jours de grève pacifique, pendant lesquels les ouvriers parcoururent librement les rues et les campagnes, sans se heurter à l'autorité militaire ou gouvernementale, le Préfet s'inquiéta de la situation et s'efforça de faire aboutir une entente entre patrons et ouvriers. Un accord intervint le 27 juin (1).

---

1. *Tarif accepté par les délégués ouvriers et patronaux agricoles. Canton de Provins (sauf Chenoise) :*

Charretiers, bouviers et hommes de bricole nourris : de 725 francs à 875 francs.
Quatre mois (novembre, décembre, janvier, février) : de 46 à 55 francs.
Quatre mois (mars, avril, mai, juin) : de 56 à 65 francs.
Trois mois (juillet, septembre, octobre) : de 67 à 77 francs.
Août, mois de moisson : 116 à 164 francs.
0 fr. 25 de pièces par arpent pour conduire les machines pendant la moisson. Nourriture : 60 francs.
Commis de ferme de treize à dix-sept ans : de 250 à 600 francs.
Bergers et compagnons : 65 à 80 francs, suivant l'importance du troupeau. Trois demi-journées de congé par mois, le matin en été, l'après-midi en hiver.
Journaliers non nourris :
Quatre mois d'hiver (novembre, décembre, janvier, février) : 3 fr. 50 par jour.

Dans le canton de Rozoy-en-Brie, les ouvriers obtinrent des améliorations notables sans grève et sans bruit. Le 10 juin, les fermiers n'avaient pas cru

---

Cinq mois (mars, avril, mai, juin, juillet) : 4 fr. 25 par jour.
Deux mois (septembre et octobre) : 4 fr. 75 par jour.
Mois de moisson, août : 9 francs par jour.
Femmes de journée : 1 fr. 50 à 2 francs par jour, 1 fr. 50 en plus pour nourriture.
Bonnes de ferme : 30 à 50 francs.
Betteraves fourragères : Arrachage, 14 à 16 francs, suivant écartement.
Betteraves sucrières : Arrachage, 22 à 23 francs, suivant écartement.
Betteraves demi-sucrières : Arrachage, 15 à 17 francs suivant écartement.
Betteraves fourragères et sucrières : Binage 3 façons, 28 à 30 francs, suivant écartement. (Pour façon donnée à la bineuse, diminuer 5 francs sur 28 francs et 6 francs sur 30 francs.)
Chargement des betteraves : 5 à 7 francs.
Bottelage à deux liens (commerce) : 2 fr. 50 à 2 fr. 75.
Bottelage à trois liens (commerce) : 3 francs à 3 fr. 50.
Fourrage en mélange : 4 fr. 25 à 4 fr. 50.
Consommation : bottelage à deux liens, 2 francs.
Consommation : bottelage à un lien, 1 fr. 75.
Bottelage de la paille : 1 fr. 75 à 2 francs.
Epandage du fumier : 2 fr. 50 à 3 fr. 50.
Réglementation des heures de travail : Atteler au jour en hiver et dételer à la nuit. En été, atteler à 5 heures et dételer à 11 heures. Repos une demi-heure le matin, une demi-heure le soir. Repos complet le dimanche, sauf le pansage et le ferrage.
Charrois de paille, grain et fourrages : 0 fr. 50 en supplément.
Couchage : Des locaux spéciaux devront être construits pour le couchage des ouvriers. Un délai est accordé pour l'exécution des travaux. Ce délai expirera le 1er septembre 1908.
Boisson : un demi-litre de vin ou cidre par repas.

*Prix pour Chenoise* (seul)

Bouviers, charretiers et hommes de bricole (au terme et nourris) : 750 à 900 francs.

devoir répondre à leur première demande, mais le sous-préfet de Coulommiers prit l'initiative de convoquer séparément les ouvriers et les patrons. Le 13 un résultat était acquis : le syndicat patronal recon-

---

Charrois : o fr. 5o.

Moissonneuses : o fr. 5o (à l'arpent).

Bouviers, charretiers et hommes de bricole (au mois) : 75 francs et nourris. Non nourris : 1 fr. 75 en plus par jour.

Boisson : un demi-litre de vin pur ou de cidre.

Commis de ferme de treize à dix-sept ans : 250 à 6oo francs.

Compagnons :

20 vaches : 65 francs.

3o vaches : 75 francs.

Au-dessus de 35 : 85 francs.

Non nourris : 1 fr. 75 en plus par jour.

Bergers :

3oo bêtes : 65 francs.

4oo bêtes : 75 francs.

5oo bêtes : 85 francs.

A partir de 4oo bêtes, le berger ne s'occupera pas du mélange.

Non nourris : 2 francs en plus par jour.

Pièces des bêtes vendues comme à l'habitude (o,10 par tête).

Repos : trois demi-journées par mois pour les compagnons et bergers.

Hommes de journée non nourris : de la Saint-Martin à la Chandeleur 3 fr. 5o ; de la Chandeleur à la moisson 4 fr. 5o. Hommes de journée pour la moisson : 9 francs non nourris et 7 francs nourris.

Au mois : Chargeurs, entasseurs, déchargeurs : 15o francs nourris. Les autres hommes de 120 à 14o. Le chargeur a droit à une bouteille de vin (matin et soir).

Femmes de journée nourries : 1 fr. 75 toute l'année ; 2 fr. 75 non nourries.

Travail de 6 heures du matin à 6 heures du soir. A l'heure : o fr. 3o.

Bonnes de ferme de 35 à 5o francs, de 25 à 35 jusqu'à dix-sept ans.

Cachage de silos : o fr. 6o (1 m. 5o hauteur, 3 m. largeur).

Epandage : Marne 2 fr. 25 le sac (le mille), 3 francs au tombereau (l'arpent).

naissait le syndicat ouvrier comme qualifié pour parler au nom des ouvriers agricoles du canton et consentait à examiner les revendications. Le 15 juin diverses réunions furent tenues à cet effet à la mairie de Rozoy. Elles furent longues, mais après une discussion ardente, l'accord se fit (1).

Heures de travail : Hiver, de 6 h. 1/2 matin à 5 heures soir, repos une heure et demie à midi. Eté, de 5 heures du matin à 7 heures soir. Repos deux heures à midi ; une demi-heure dans chaque attelée.

Fanage à la tâche : 4 francs l'arpent sans régrainer.

Hommes à la tâche pour le rentrage de la moisson: 4 francs de l'arpent, cinq hommes.

Battage à la tâche : Avoine 8 francs les 100 boisseaux.

Fauchage de luzerne à la faux : 9 francs (première coupe). Celui qui fauchera la première et la deuxième, 7 fr. 50 non nourri.

Journée de machine à battre chez l'entrepreneur : o fr. 50 l'heure ; o fr. 60 mois de moisson. Moitié du déplacement payée toute l'année.

Tirage de la marne : o fr. 75 le mètre cube, décomblage compris.

Nourriture saine et variée.

Un local aéré et chauffé en hiver avec un lit pour chaque ouvrier.

Arrachage : betteraves fourragères: 15 francs ; betteraves sucrières: 22 francs ; betteraves demi-sucrières : 10 francs.

Binage : betteraves fourragères et sucrières, 30 francs (trois façons).

Premier binage (bineuse): 5 francs de moins.

Chargement de betteraves (fourragères et sucrières): 6 fr.

Bottelage à deux liens (commerce): 2 fr. 50.

Bottelage à trois liens (commerce): 3 fr. 25.

Fourrage en mélange à trois liens : 4 francs.

Bottelage à deux liens, consommation : 2 francs.

Bottelage paille, consommation : 2 francs.

Epandage fumier: 2 fr. 50 l'arpent.

1. *Contrat du 15 juin 1907*, p. 131.

Le calme se rétablit successivement partout. Le
18 juin, à la suite d'une réunion, une partie des fermiers de Villiers-Saint-Georges, Saint-Martin, Chen-

(Canton de Rozoy-en-Brie)

|  | Tarif adopté | Observations |
|---|---|---|
| 1° Charretiers et bouviers : |  |  |
| Mois de décembre, janvier et février......... | 100 francs |  |
| Autres mois sauf le mois de moisson......... | 115 » |  |
| Mois de moisson.......................... | 130 » | avec pièces |
| Repos le dimanche. |  |  |
| Pour le couchage, chambre propre et en dehors des écuries et des étables | » |  |
| Hommes nourris, en moins ................ | 45 francs |  |
| 2° Bergers non nourris, chien à leur charge... | 100 à 120 fr. |  |
| 2 jours de repos par mois |  |  |
| 3° Compagnons vachers, non nourris ......... | 100 à 110 » | moins de 20 va-ches, le surplus à débattre. |
| 2 jours de repos par mois |  |  |
| 4° Garçons de cour (Hommes de peine)....... | 80 à 100 » |  |
| 5° Ménages, nourris, blanchis, couchés ....... | 90 à 110 » |  |
| 2 jours de congé par mois |  |  |
| 6° Journaliers : |  |  |
| Décembre, janvier et février ................ | 2,50 à 3,50 |  |
| Reste de l'année ......................... | 3, 3,50, 4 fr. |  |
| Journées de moisson ...................... | doubles | depuis le jour |
| Ouvriers non occupés à la moisson .......... | id. | où la rentrée |
| Hommes payés au mois (moisson)............ | de 100 à 200 | commence jus-qu'à la fin quel-que temps qu'il fasse |
| 7° Calvarniers (4 litres de boisson, vin ou cidre)................................... | double sal. |  |
| 8° Heures supplémentaires : temps ordinaire.. | » |  |
| temps de moisson. | » |  |
| 9° Femmes de journée : |  |  |
| Hiver (de 7 h. du matin à 5 h. du soir)....... | 2 francs |  |
| Eté (de 6 h. 1/2 du matin à 7 h. du soir)...... | 2,50 |  |
| Heures supplémentaires .................... | » |  |
| 10° Adultes de 14 à 18 ans, nourris .......... | 160 à 650 fr. |  |
| 11° Betteraves : |  |  |
| Binage, 3 façons, bineuse à la disposition du bineur, l'arpent de 42 a. 21 ................ | 30 f. rayons 32 f. rayons | de 45 à 50 de 40 à 45 |

netron, Beauchéry, Voulton et Rupéreux signèrent une convention établie sur des bases à peu près

| | Tarif adopté | Observations |
|---|---|---|
| Arrachage sucrières........................... | » | |
| Chargeage sucrières........................... | » | |
| Arrachage fourragères ...................... | » | |
| Chargeage fourragères ...................... | » | |
| Betteraves en dépôt, les 100 kgs.............. | » | |
| 12° Bottelage : 3 liens ...................... | 2 à 3 francs | suivant tra- |
| 2 liens....................... | à 3 » | vail |
| Paille 1 lien......................... | 2 » | |
| 13° Epandage : Fumier, l'arpent.............. | 1/2 fum. 2 f. fum. com- plète 3 f. | |
| 14° » Engrais, les 100 kgs......... | 0,45 | habits four- nis |
| 15° Couvrage des meules : | | |
| Au mètre de diamètre, au cordon ........... | 2 accepté | Travaux à |
| Coupons de paille au mètre carré............ | id. | la tâche. |
| 16° Silos : le mètre (1 m. 50 hauteur et 3 de pied).................................... | id. | » |

| | Propositions des patrons | Observations |
|---|---|---|
| 17° Limitation des heures de travail : Hiver : de 7 h. du matin à 5 h. du soir. Repos 2 heures................................ | Même situa- tion qu'au- paravant | Réservé |
| Printemps et automne : de 6 h. du matin à 6 h. du soir. Repos : 1/2 h. à 7 h., 2 h. à midi et 1/2 h. à 4 heures................. | | |
| Mois d'été : de 5 h. du matin à 7 h. du soir (même repos que le précédent) .............. | | |

*N. B.* — La discussion n'ayant porté que sur les salaires toutes les autres revendications n'ont pas été examinées.

Les heures supplémentaires, l'arrachage des betteraves, etc., sont réservées comme prix à débattre.

semblables à celles du tarif de Provins (1). Le 19 juin un accord intervenait dans le canton de Nangis (2).

1. *Accord intervenu entre les fermiers représentant les communes de Voulton, Rupéreux, MM. Lamiche, de la commune de Saint-Martin-Chennetron, Renard, de la commune de Beauchery et le secrétaire du syndicat de l'arrondissement de Provins, représentant les ouvriers agricoles du canton de Villiers-Saint-Georges.*

Betteraves sucrières : arrachage : 22 francs.

Betteraves sucrières : binage trois façons : 28 francs.

Betteraves fourragères : arrachage : 12 fr 50.

Chargement : 5 à 6 francs.

Compagnons nourris : 55 à 75 francs (mois de moisson doublé).

Compagnons non nourris : 100 à 120 francs (mois de moisson doublé).

Bergers nourris : 60. 70, 80 francs (au-des. de 300 bêtes).

Bergers non nourris : 125 à 140 francs (au-dessus de 300 bêtes). Chiens à leur charge.

Charretiers (au-dessous de dix-huit ans): 250 à 600 francs.

Charretiers nourris (au-dessus de dix-huit ans) : 600 à 850 francs.

Charretiers non nourris : 1.320 à 1.380 francs (sans pièce).

Hommes de journée : hiver 3 fr. 50 (du 1er novembre au 1er mars) ; printemps : 4 francs (du 1er mars au 1er juillet) ; été : 4 fr 50 (du 1er juillet au 1er novembre).

Journées de moisson : 7 fr. 50 (non nourris) 5 fr. 50 (nourris).

Femmes de journée : 1 fr. 50 à 2 francs.

Bottelage paille : 2 francs.

Bottelage fourrage : deux liens, consommation : 2 francs.

Bottelage à deux liens : 2 fr. 50.

Bottelage à trois liens : 3 francs l'hiver et 3 fr. 50 à partir du 1er mars.

Epandage de fumier 2 fr. 50 pour betteraves et 2 francs pour jachère.

2. *Accord intervenu entre les délégués fermiers et les délégués ouvriers du canton de Nangis le 19 juin 1907, à la mairie de Nangis :*

Charretiers, bouviers et hommes nourris : de 672 à 808 francs.

Matillon                                                        9

Mais si des ententes permettaient d'éviter des conflits dans l'arrondissement de Provins, il n'en était pas de même dans le reste du département. A Mitry-Mory, les patrons refusaient de reconnaître le syndicat agricole parce qu'il était géré par un marchand de vins et un cordonnier. Le bureau fut renouvelé le

---

Du 15 novembre au 15 mars : de 43 à 52 francs.

Du 15 mars au 15 juillet : de 55 à 65 francs.

Du 15 juillet au 15 novembre : de 60 à 75 francs.

Plus 40 francs pour supplément de moisson. La nourriture est évaluée à 50 francs par mois.

Il est accordé o fr. 50 par arpent coupé à la moissonneuse seulement et les pièces pour les charrois sont facultatives.

La Chandeleur, la Saint-Jean, le 15 août, la Saint-Martin et le lendemain de Noël sont supprimés comme jours de congé, mais il reste une demi-journée de congé aux foires de Nangis, de février et de juillet, ceci pour les ouvriers des environs de Nangis. Les ouvriers de Jouy-le-Châtel et des environs jouiront d'un jour de congé le 24 septembre, jour de la foire. Le 2 janvier sera jour de congé pour tous les ouvriers du canton.

Heures de travail : du 15 novembre au 15 mars : départ 6 h. 1/2, rentrée 11 h. 1/2. Départ midi 1/2, rentrée 5 h. 1/2.

Cependant, si du 15 février au 15 mars le départ a lieu une demi-heure plus tôt et le retour un-demi-heure plus tard, le salaire sera augmenté de 5 francs par mois.

Du 15 mars au 15 juillet : onze heures de travail fixées entre ouvriers et patrons.

Du 15 juillet au 15 novembre : douze heures dont une demi-heure de repos dans chaque demi-journée.

Les jours où on rentrera la moisson, le travail durera une demi-heure de plus, seulement le soir.

Commis de ferme (quinze à dix-huit ans) : de 250 à 600 fr.

Bergers et compagnons : de 50 à 75 francs, selon l'importance du troupeau (pièces en plus). Deux demi-journées de congé à prendre en hiver l'après-midi, en été le matin.

Hommes de journée non nourris : du 15 novembre au 15 mars, 3 francs à 3 fr. 50 ; du 15 mars au 15 juillet, 3 fr. 50 à 4 francs. Moisson 9 francs par jour de rentrage et prix ordinaire pour les autres jours. De la fin de la moisson au

16 juin pour donner satisfaction aux propriétaires.
Néanmoins, ils repoussèrent les tarifs. Il y eut une
grève de 48 heures (8-10 août). Les ouvriers obtinrent 120 francs au lieu de 110 pour la moisson. A

---

15 novembre, 3 fr. 50 à 4 fr. 25 (le tout selon l'ouvrage et les hommes).

Femmes de journée: pour les travaux des champs : 2 fr. à 2 fr. 50 (même nombre d'heures de travail que pour les hommes).

Bonnes : de 30 à 50 francs.

Ménages : de 90 à 110 francs.

Betteraves fourragères : binage de 22 à 26 francs.

Betteraves sucrières : binage de 28 à 30 francs. Il sera diminué 5 francs par arpent pour soupe et pitance. Il sera diminué, en outre, 5 francs pour betteraves fourragères et 6 francs pour betteraves sucrières, si la première façon est donnée à la machine.

Betteraves fourragères, arrachage : de 12 à 15 francs.

Betteraves demi-sucrières, arrachage : de 14 à 17 francs.

Betteraves sucrières, arrachage : de 18 à 22 francs.

Chargement: de 5 à 7 francs pour toutes betteraves. — En cas de récolte déficitaire, les prix d'arrachage et de chargement seraient à débattre.

Bottelage : Luzerne et foin fanés à la faneuse 2 fr. 50 (trois liens) et 3 francs fanés à la moyette. Fourrage à deux liens (consommation) 1 fr. 50 à 2 francs (suivant sécheresse).

Paille : 1 fr. 50 à 1 fr. 75 suivant qualité.

Epandage du fumier : 2 à 3 francs (suivant quantité et sorte de fumier).

Epandage de marne : 2 à 2 fr. 50 suivant quantité.

Fauchage des luzernes et prés : Sans fanage 7 francs la première coupe et 5 francs la seconde. Mise en moyette 11 francs pour la première coupe et 8 francs pour la deuxième.

Cachage des silos : 0 fr. 60 (silos ayant 1 m. 50 de hauteur et 3 mètres à la base).

Couchage : le couchage seul est accepté en principe. Les fermiers s'engagent à agir le plus énergiquement possible auprès des propriétaires pour obtenir au 1er septembre 1908 des chambres ou dortoirs pour leurs ouvriers.

Nourriture : Il sera donné 1/2 litre de boisson à chaque repas (y compris petit déjeuner et goûter). Le pot ou galopin est facultatif.

Charny (10-12 août) et à Neauphle-le-Vieux (13 août) il y eut de légers conflits.

Le syndicat de la Brie envoyait un tarif de revendications au patronat le 17 juin et lui donnait un délai de quinze jours pour répondre. Une commission de sept membres devait recevoir les observations patronales. Mais toutes les requêtes adressées aux fermiers restèrent sans effet. Dans ses séances du 7 et du 14 juillet, la commission ouvrière constatait avec tristesse le dédain des patrons pour leur association. Elle envoya une circulaire aux sections, leur demandant de lui dicter son attitude, en présence de l'intransigeance patronale. La grève fut décidée pour le 1ᵉʳ août. La commission prenait soin, dans un appel à la population, de justifier la conduite du syndicat ouvrier. « Les patrons, disait-elle, ont violé les conventions de 1906, de plus les denrées alimentaires et les vêtements ont augmenté de valeur et nécessitent un salaire plus fort. » Mais à la date du 1ᵉʳ août, quelques militants vinrent seuls se ranger sous le drapeau révolutionnaire. Ils furent très désappointés de voir leurs rangs si peu nombreux. Ils firent grève néanmoins, en particulier à Pouilly-le-Fort et à Sivry-Courtry, mais elle fut condamnée à l'insuccès.

A Mormant (12-26 juin) elle ne fut pas plus heureuse. Le mouvement faiblit dès le premier jour et il fallut, pour l'intensifier, le réconfort apporté le

15 juin par les grévistes de Nangis et de Provins. Il y eut pendant quelques jours un certain enthousiasme. Les femmes elles-mêmes prirent part à la lutte. La légende révolutionnaire racontera les exploits de la mère Bigault qui, lors d'une conférence improvisée par le citoyen Compère-Morel devant l'église, sauta à la bride du cheval d'un commandant de gendarmerie qui voulait charger les grévistes. Il y eut à Mormant des soupes communistes, mais les fonds de la caisse syndicale furent épuisés après quinze jours de lutte et les grévistes décidèrent le 26 de reprendre le travail au tarif de 1906.

Ainsi, pendant cet été de 1907, un peu partout dans le département de Seine-et-Marne, il y eut de l'agitation. Dans quelques cantons, les ouvriers obtinrent des améliorations, mais dans les centres de grève les plus importants, aux endroits mêmes où le syndicalisme avait pris naissance, ce fut un échec désastreux. Cette défaite devait porter préjudice au développement syndical. Le nombre des associations ne s'accrut guère pendant cette année 1907 et leur vitalité fut très affaiblie. C'est ainsi que la réunion du comité fédéral, à laquelle 17 syndicats avaient été convoqués, ne put pas avoir lieu le 15 septembre, 4 syndicats seulement ayant répondu à l'appel. Est-ce là un signe de décrépitude analogue à celui qui se manifesta chez les premiers syndicats bûcherons. Je ne le crois pas. En tous cas, il y a, à l'heure actuelle,

chez les ouvriers de Seine-et-Marne, un temps d'arrêt.


## Section II

### *Le mouvement syndical dans l'Oise.*


L'Oise est comme le département de Seine-et-
Marne un pays de grande culture. L'arrondissement
de Senlis présente plus particulièrement ce caractère
Dans cette contrée, le petit et le moyen propriétaires
sont inconnus ; on ne trouve guère que deux classes
très nettement tranchées : le propriétaire ou fermier
et l'ouvrier agricole. Dans un village de 400 habi-
tants, défalcation faite du petit commerce local, la
population se compose en moyenne de 3 ou 4 fermiers, 2 ou 3 rentiers et 300 ouvriers agricoles.

Les salaires de ces ouvriers étaient, avant les grèves, inférieurs à ceux de Seine-et Marne. Ils gagnaient
en moyenne 80 à 90 francs par mois. Ces prix n'a-
vaient pas varié depuis cinquante ans et cet état sta-
tionnaire mettait l'ouvrier dans une situation plus
précaire que celle d'autrefois. Les instruments agricoles utilisés aujourd'hui ont supprimé les plus-values
résultant pour lui des moissons et fenaisons qui lui
apportaient un supplément de salaire de 200 francs
par an en moyenne. Les vivres et le loyer ont aug-

menté, aussi 90 o/o des familles ouvrières n'ont pas
même un lopin de terre et vivent au jour le jour. La
plupart sont inscrites au bureau de l'Assistance Publique. A Crépy-en-Valois, tous les ouvriers mariés
et pères de famille sont secourus par le bureau de
bienfaisance ; seuls ceux qui ont un arpent de terre
ou dont la femme travaille peuvent vivre de leurs
salaires.

Le mouvement syndical devait forcément naître
dans cette région. Il y trouvait un terrain favorable
à l'éclosion des sentiments de souffrance, de haine et
partant de révolte sociale. Au mois de mai 1906, le
département de Seine-et-Marne était agité par des
grèves agricoles. Les ouvriers de l'Oise furent faci-
les à débaucher et la grève, qui contaminait les cantons de Claye-Souilly et Dammartin, eut vite fait de
franchir la frontière du département, pour passer
dans l'Oise. Au début de juin, une partie de l'arrondissement de Senlis retentit des échos des grévistes ;
les communes d'Eve, Plessis-Belleville, Lagny-le-
Sec, Silly-le-Long, Ognes, Chevreville furent successivement visitées par les ouvriers de Seine-et-Marne
qui venaient débaucher leurs camarades de l'Oise.
Partout la grève fut de courte durée ; quarante-huit
heures, sans organisation, sans syndicat. Les patrons
ne résistèrent pas. Partout, ils accordèrent une augmentation de 10 francs par mois.

A la suite de ces grèves, le parti radical résolut

d'organiser le mouvement syndical chez les ouvriers de la terre. Des conférences furent faites et le 24 juin 1906, à Crépy-en-Valois, se réunit un congrès à l'effet de fonder un syndicat (1). Au début de la réunion, un ouvrier, Serbource, fut élu président. Mais ce congrès, organisé par le parti radical, fut dirigé par des forces étrangères et, contrairement à ce qu'avaient voulu décider les radicaux, il fut voté que les statuts du syndicat seraient approuvés par une deuxième assemblée générale, après élaboration par une commission spéciale. Il fut également décidé que toute personne détenant un mandat politique, fût-ce celui de conseiller municipal, ne pourrait faire partie ni de la commission provisoire, ni du conseil d'administration du syndicat. Ainsi se trouvait écartée l'ingérence politique par laquelle les radicaux comptaient dominer les groupements de l'Oise.

La commission exécutive du syndicat allait même plus loin dans cette voie ; au cours de sa réunion du 1er juillet, elle décida que les assemblées générales seraient fermées à toute personne non syndiquée et que les représentants de la presse n'y seraient pas admis.

Le 15 juillet, 114 ouvriers réunis en assemblée générale constitutive adoptaient les statuts élaborés par la commission et décidaient de ne créer que des

_______

1. Cent ouvriers adhèrent dès le début au syndicat.

syndicats d'arrondissement, le syndicat cantonal étant trop petit, trop restreint, pour avoir une action efficace. La Société d'Agriculture de Senlis fut invitée à nommer une commission de patrons devant laquelle les délégués ouvriers du syndicat naissant exposeraient les revendications, mais les propriétaires rejetèrent cette proposition et le conseil syndical de Crépy-en-Valois, dans sa séance du 12 août, aurait voté la grève sans les sages conseils d'un non-syndiqué qui leur montra qu'avant d'agir il fallait s'organiser.

Une active propagande fut entreprise : des conférences furent faites le 15 août à Vauciennes, le 19 à Plessis-Belleville, le 26 à Barberie, le 2 septembre à Baron, le 9 à Villers-Cotterêts, le 14 octobre à Mont-l'Evêque, le 21 à Boursonne, le 28 à Baron, à Acy-en-Multien, le 4 novembre à Fontaine-lesC-orps-Nuds, le 11 novembre à Morienval, le 18 à Thury-en-Valois, le 25 à Bonneuil, le 2 décembre à Mareuil-sur-Ourcq, le 16 à Pierrefonds (arrondissement de Compiègne), le 23 à Morienval, le 30 à Lévignen.

En 1907 la propagande ne fut pas moins active (1) ;

---

1. Conférences le 6 janvier à Antilly, le 13 à Betz, le 3 février à Montagny, le 10 à Bargny, et à Ormoy-le Davien, le 17 à Boissy-Fresnoy, le 24 à Boullarre, le 3 mars à Ermenonville, le 10 mars à Péroy-les-Gombries, le 17 à Silly-le-Long, et à Ognes, le 24 mars à Rully, le 27 avril à Montépilloy, le 28 à Ognon et à Villers-Saint-Frambourg.

elle fut étendue aux arrondissements de Compiègne et de Clermont qui avaient fourni quelques adhésions au syndicat. Des sections furent créées le 11 novembre 1906 à Morienval, le 18 à Thury, le 10 février 1907 à Bargny, le 1er mars à Boissy-Fresnoy et à Boullarre, le 10 à Péroy-les-Gombries, le 17 à Silly-le-Long et à Ognes, le 24 à Rully. Par cette propagande incessante, l'unique syndicat de l'arrondissement de Senlis voyait le nombre de ses adhérents augmenter de jour en jour. Le 7 octobre 1906 il comptait 250 membres ; au mois de mars, 600. Malgré ses efforts le parti radical ne put arriver à le contrebalancer. L'unique syndicat fondé sous ses auspices, le syndicat de Nanteuil, comprit très vite son impuissance et, après une conférence à Montagny le 3 février, il fusionnait avec le syndicat de Crépy.

600 adhérents, c'était là un groupement qui permettait d'espérer des résultats appréciables dans un avenir prochain. Malheureusement, les syndiqués ne surent pas attendre en continuant la propagande pacifique ; trop vite ils se lancèrent dans l'action directe. Des sections firent grève sans consulter le bureau du syndicat, sans se rendre compte de l'insuffisance de leurs ressources et de leur faiblesse morale. Aussi les grèves de l'Oise furent-elles généralement malheureuses.

Au début du mois d'avril 1907, un cultivateur de

Morienval réduisit à 85 francs les salaires de ses ouvriers qu'il payait depuis longtemps 90 francs par mois. Cette mesure provoqua une certaine effervescence. Le 2 avril, les ouvriers de la ferme en question demandèrent, sans succès, le retour aux anciens salaires ; et la commune se mit en grève sans l'avis préalable du bureau du syndicat. Serbource arriva le soir même à Morienval. Il fit remarquer combien une grève aussi brusque était imprudente. Elle dura dix jours, et 9 grévistes furent congédiés. A la même date (9-11 avril) les ouvriers de Raray se mirent en grève, sans plus de succès. Les propriétaires congédièrent une dizaine de grévistes.

Le syndicat de Crépy s'émut à juste titre de cette situation qui pouvait compromettre le mouvement syndical. S'il est utile de faire la grève pour améliorer les salaires, il est dangereux de s'en servir quand elle est vouée d'avance à l'insuccès. Aussi à l'assemblée générale du 14 avril à Crépy, on adopta l'ordre du jour suivant : « la grève doit être déclarée par le syndicat et non par une section. A l'avenir toute section qui n'observera pas cette prescription ne sera pas soutenue par le syndicat ».

Mais cet ordre du jour devait rester lettre morte. Le lendemain 15 avril, les ouvriers d'Acy-en-Multien cessaient le travail. Un membre du bureau vint les prévenir que, conformément à la décision prise la veille par l'assemblée générale, le syndicat ne soutiendrait pas le mouvement. Les grévistes débauchèrent six communes voisines : Rosoy, Rouvres, Boullarre, Etavigny, Thury, Betz, Bargny. Il y eut intervention du sous-préfet. Au cours d'une réunion entre ouvriers et patrons, il fut décidé que les ouvriers rentreraient dans leurs fermes, traiteraient individuellement avec leurs patrons, et rendraient compte de leurs transactions le lendemain 19 avril. Mais le lendemain les trois quarts avaient repris le travail aux conditions anciennes ou à des taux légèrement supérieurs.

Ainsi les grèves de l'Oise ont échoué (1). Elles se sont heurtées à un patronat fortement organisé (2) et n'ont pu être soutenues par une organisation trop jeune. Ces insuccès ont quelque peu affaibli le mouvement syndical dans l'Oise. Le syndicat de Crépy ne compte plus aujourd'hui que 400 adhérents.

------

1. A signaler une grève qui a été couronnée de succès à Saintines et Méru (3-6 août 1907.)

2. En face du mouvement ouvrier, il y a la Chambre d'Agriculture de Senlis (tendances conservatrices). L'administration préfectorale a fondé la Société des Agriculteurs de l'Oise (tendances gouvernementales) qui fonctionne depuis le mouvement syndical. Aujourd'hui il y a presque fusion entre ces deux sociétés pour combattre les syndicats.

## Section III

### *Le mouvement syndical dans les autres départements du Nord*

Le mouvement syndical a eu quelque répercussion dans les autres départements de l'Est et du Nord. On signale en Seine-et-Oise des syndicats à Etampes et à Dourdan. Dans l'Aisne, le mouvement a pris depuis un an une certaine importance. A la suite de la campagne électorale menée en 1906 dans la deuxième circonscription de Saint-Quentin par un candidat aux élections législatives, M. Douraigne, trois syndicats se sont constitués dans cette région, à Bohain, Nauroy, Lesdins. Le secrétaire de la Bourse du Travail de Saint-Quentin a été pour beaucoup dans leur création. Ils sont affiliés à la Bourse du Travail, et à la Fédération des ouvriers agricoles du Nord depuis le 27 octobre 1907. Le nombre de leurs adhérents est assez restreint : 80 pour Nauroy, 70 pour Bohain. En dehors de la région saint-quentinoise, il y a deux syndicats plus anciens et plus vivants, ceux de Laon et Soissons. Ce dernier rayonne dans les environs et a établi des sections dans un grand nombre de villages, aussi il a une assez grande force morale et a obtenu des améliorations de salaires. Ces deux syndicats sont affiliés à la Fédération.

Un syndicat de l'Aisne a voulu, dans ses débuts, manifester son existence. C'est le syndicat de Neuilly-Saint-Front qui, peu de temps après sa formation, fit une grève malheureuse. Après deux jours et demi de chômage, les grévistes reprirent leurs travaux aux conditions antérieures. Ce syndicat s'était formé le 17 juin 1906. Après l'échec de la grève, les membres du bureau démissionnèrent, ils furent même poursuivis pour contravention à la loi du 21 mars 1884, car ils n'avaient pas déposé les statuts. Depuis, le syndicat n'a plus donné signe de vie.

Aux mois de mai et juin 1907, le département de l'Aisne fut troublé par des grèves partielles. A Arcy et dans les villages environnants, il y eut, du 18 au 23 mai, 80 grévistes, le 9 juin à Saconin 197 ouvriers déclarèrent la grève ; du 18 au 24 juin à Chaudun et dans les communes voisines, il y eut une centaine de grévistes. Les grèves se sont traduites par de légères augmentations de salaires, mais le mouvement syndical ne s'en est pas trouvé accru.

Dans le département du Nord, il y eut aussi des tentatives syndicales. Au mois d'avril 1907 une grève dura, sans succès, dix-sept jours à Haspres. Des grèves de charretiers à la Madeleine et à Roubaix ne furent pas plus heureuses. A Haussy (10-22 mai) et à Loon-Plage (31 août-5 septembre), les ouvriers agricoles obtinrent quelques améliorations. Mais ce ne furent que des mouvements partiels, provoqués par quelques esprits mécontents et le syndicalisme (sauf à Loon-Plage) n'a pas encore fait son apparition dans ce département.

Ainsi un faible mouvement dans l'Aisne et l'Oise, un mouvement plus intense en Seine-et-Marne, mais qui subit à l'heure actuelle un temps d'arrêt : telle doit être la conclusion de ce chapitre. La Fédération des paysans du Nord groupe actuellement 18 syndicats, ce qui représente près de 4.000 ouvriers syndiqués (1).

1. Ce sont les syndicats de : Provins 900, La Brie 600, Mormant 400, Thieux-Nantouillet 100, Messy 80, Mitry-Mory 70, Plessis-L'Evêque 60, Soissons 700, Crépy-en-Valois 400, Nauroy 80, Haspres 75, Chaumont (Oise) 40, Dreux (Eure) 50, Loon-Plage, Vaux-sous-Laon, Lesdins, Bohain. Neuilly-Saint-Front (300) ne paye plus ses cotisations.

# CHAPITRE  VI

## Les Résiniers des Landes

Il y a le long du golfe de Gascogne toute une plate-
bande de terres assez mouvantes sur lesquelles la
mer, dans ses jours de tempête, rejette des montagnes de sable. Cette région qui va du bassin d'Arca-
chon jusqu'aux portes de Bayonne est un terrain
sablonneux, ne se prêtant pas à la grande culture.
La vigne n'y vient pas, le blé et le maïs ne peuvent
y constituer un revenu suffisant. Il y a cinquante
ans, l'Etat, pour consolider ce terrain facilement
envahi par la mer, se décida à planter des pins tout
le long du littoral sur une largeur de 7 à 8 kilomètres. Les propriétaires suivirent son exemple et
aujourd'hui tout le pays compris entre Bordeaux et
Bayonne et une partie du Lot-et-Garonne jusqu'à
Marmande et Nérac ne sont plus qu'une vaste forêt
de pins. Au nord-ouest du département des Landes
le pays de Born qui est limité par le littoral, l'Etang

de Cazau, le ruisseau de la Grande Leyre, Arjuzanx et l'étang de Saint-Julien-en-Born ; et au sud-ouest le Marensin qui va jusqu'à l'Adour et à la Midouze constituent deux régions essentiellement résinières où nous verrons fermenter l'esprit syndicaliste et professionnel.

Cette contrée est habitée par des ouvriers ruraux qui sont métayers et résiniers, habitant une maison généralement recouverte de chaume ; ils vivent avec leur famille au milieu d'une petite exploitation qui leur est concédée *à moitié fruits* par le propriétaire. Ces métairies n'ont généralement qu'une faible étendue, quelques hectares de terre labourable, et c'est la femme qui fait la plus grande partie des travaux. Les conditions du métayage sont extrêmement variables et différentes non seulement suivant les communes, mais encore suivant les exploitations. La part du propriétaire peut être du quart, du tiers ou de la moitié de la récolte. Les semences et le bétail sont également fournis suivant une proportion qui n'est pas constante. Le métayer doit payer un droit de loges à porcs et fournir quelques journées de travail à son propriétaire. Quoique ces conditions soient plutôt avantageuses pour l'ouvrier, il est certain que le revenu d'une métairie ne suffirait pas à subvenir à sa vie. Aussi le métayer est, avant tout, un résinier. De même que le bûcheron travaille les deux tiers de l'année dans le bois, et n'est ouvrier agricole que pendant les grands travaux de l'été ; de même le métayer landais passe une grande partie de son temps dans la forêt de pins.

La culture de la résine exige de sa part une certaine habileté professionnelle. Il doit savoir tirer du pin *l'effort* productif susceptible d'être donné. Suivant qu'un pin est classé dans la catégorie *des pins à vie* ou *des pins à mort*, il doit extraire une quantité de résine différente. Si c'est un pin à mort, il doit l'épuiser dans un certain délai, généralement fixé à cinq ans.

L'exploitation du domaine de l'Etat est soumise à l'adjudication. Un certain nombre de lots d'une égale valeur sont vendus chaque année pour une période de cinq ans. Ainsi, pour les conditions du travail, le résinier peut s'entendre, soit avec un propriétaire, soit avec un adjudicataire. Chaque année au mois de janvier les patrons, propriétaires ou adjudicataires, font la distribution des pins aux résiniers. A chaque travailleur il est donné un certain nombre de pins dont il doit extraire la résine pendant toute la saison (janvier à octobre).

Pour extraire la résine, l'ouvrier fait à l'arbre une entaille verticale, appelée *quarre*. C'est dans ce travail que réside la valeur professionnelle du résinier, car l'importance de la récolte dépend uniquement de la confection de ces entailles. Un pot de terre cuite est placé au bas de l'arbre, il recueillera la résine.

Chaque mois, le résinier vide les pots et le contenu est transporté à la distillerie pour y subir des transformations qui permettront d'en extraire des produits utilisés par l'industrie, tels que la colophane, l'essence de térébenthine, le goudron. L'essence de térébenthine est le plus important de ces produits : c'est sa valeur commerciale et industrielle qui fait la valeur de la résine. Leurs prix s'établissent en Bourse à Bordeaux et à Dax. La barrique de résine, que l'on payait 20 francs il y a quinze ans, vaut aujourd'hui plus de 100 francs.

Une fois recueillie, la résine est partagée en deux parts dont une pour le propriétaire ou adjudicataire et l'autre pour le résinier. De toutes façons, toute la résine est transportée à l'usine ; l'ouvrier, en opérant ce colportage, se fait délivrer un reçu de la livraison, avec lequel il touche du patron, selon les conditions établies, la valeur de sa part. Mais ces conditions sont très variables, et les grèves ne les ont pas encore unifiées. Dans le Born les parts sont égales, dans le Marensin elles varient par localité.

La répartition des pins à chaque résinier se fait de telle façon qu'il peut récolter 30 barriques au minimum, ce qui fait 15 pour sa part. Si le résinier vend la barrique 100 francs, il a un gain de 1500 francs ; mais il est obligé de verser sur cette somme au propriétaire ou à l'adjudicataire 3 fr. 40 par barrique pour frais d'exploitation à Sainte-Eulalie, 6 francs à Mimizan. Il retire donc de sa barrique 94 à 96 fr. 60, soit un gain annuel de 1410 à 1449 fr.

Avant les grèves, ce salaire était moins élevé. En prenant le même prix d'estimation de la barrique, la somme retenue par le patron se montait à 12 ou 15 francs. Le résinier ne vendait donc sa barrique que 85 à 88 francs, soit un gain annuel de 1275 à 1320 fr. Les grèves ont permis d'élever le gain annuel du résinier du pays de Born de 130 francs environ.

Elles ont donné un résultat bien plus surprenant dans le Marensin, puisque la hausse d'une année de salaires a été de 800 francs environ et, cependant, on peut constater que les salaires sont encore, dans cette région, bien inférieurs à ceux du pays de Born. La part par barrique n'y atteint que 65 à 92 francs. Au lieu de partager la récolte et de prélever une certaine somme sur la part du résinier, comme dans le pays de Born, dans le Marensin on procède de manière plus complexe. Après le partage par moitié, le résinier touche sur sa part d'abord 60 francs par barrique et, sur le surplus du prix, il touche le huitième, le cinquième, le quart ou la moitié, suivant les localités. Ainsi son salaire minimum sera de 65 francs par barrique, en admettant que la résine se vende 100 francs et qu'il ait le huitième au-dessus de 60 francs, soit 975 francs par an (1) ; s'il touche

1. Toujours dans l'hypothèse où la récolte du résinier s'élève annuellement à 15 barriques pour sa part.

le cinquième, il aura 68 francs ; le quatrième, 70 fr. ; la moitié, 80 francs, soit 1200 francs par an. Le prix maximum de 92 francs (1380 fr. par an) n'est atteint que dans une ou deux communes. Ces prix sont donc inférieurs à ceux du pays de Born et pourtant les grèves ont haussé les salaires dans de très fortes proportions. Autrefois, en effet, le résinier n'avait que 25 à 35 francs par barrique et, au-dessus de 60 francs, le propriétaire prenait tout. Le résinier n'arrivait ainsi qu'à gagner 375 à 525 francs par an.

Il faut bien dire qu'aujourd'hui le résinier se trouve dans une excellente situation pécuniaire, car ces salaires sont des salaires minima. La résine est un produit qui n'a pas à souffrir comme le blé, la vigne, des intempéries des saisons. Elle vient en grande quantité par tous les temps, et cette quantité peut même s'accroître par une saison favorisée qui donne aux pins une plus grande abondance de sève.

A ce salaire vient d'ailleurs s'ajouter le gain obtenu par le travail de l'abatage du pin. Lorsqu'il n'a plus de résine, il conserve encore quelque valeur ; on l'abat et on en fait des poteaux de mine, des traverses de chemin de fer, des poteaux télégraphiques, du bois pour charpentes et pour menuiserie. Pendant dix ans un pin peut donner de la résine et à trente ans on peut le vendre sur pied 20 à 25 francs. Pour l'abatage de ces pins, le résinier est payé 3 ou 3 fr. 50 par jour.

Ce travail se fait pendant les mois inoccupés de l'année, c'est-à-dire en novembre, décembre et janvier.

Si l'on ajoute à ces deux sources de salaires le revenu de la métairie, on se rend facilement compte que la situation du résinier landais est très supérieure à celle de l'ouvrier agricole en général, sans compter qu'il jouit du privilège d'un travail facile, car nombreux sont les résiniers qui passent dans les pins une moyenne de cinq jours par quinzaine (1).

Comment se fait-il que le mouvement syndical se soit introduit dans cette population dont la vie matérielle est largement assurée par un salaire rémunérateur ? Il est difficile de l'expliquer et d'en préciser les origines.

Il y avait eu des tentatives d'organisation chez les ouvriers des scieries à Linxe en 1888 et 1889, à Onesse et à Lesperon en 1897. Mais toutes ces tentatives avaient échoué.

Pendant l'hiver de 1905-1906, un réveil s'est produit parmi ces populations. Quelles circonstances les ont poussées au syndicalisme ? On peut dire que la politique n'y est pas étrangère. Des propriétaires

---

1. Griffuelhes. « Le mouvement des ouvriers résiniers des Landes. » (*Le mouvement socialiste*, juin 1907, p. 493-506).

cléricaux et réactionnaires ont vu dans la constitution des syndicats un moyen d'assurer leur succès aux élections. On raconte qu'un curé de village faisait une propagande acharnée en faveur du syndicalisme. De plus, un candidat aux élections législatives de nuance radicale, M. Bouyssou, mena sa campagne électorale sur l'idée syndicale. Enfin la grande inégalité choquante des salaires suivant les régions, l'injustice de certains propriétaires, la propagande révolutionnaire faite par la C. G. T. furent autant de causes qui contribuèrent à l'éclosion des germes syndicalistes chez les résiniers landais.

Au mois de janvier 1906, nous assistons à la formation des syndicats de Lesperon (141 m.) Herm (100), Vieille-St.-Girons (101), Soorts (11), Saint-Julien-en-Born (148), Lit-et-Mixe (149), Rion-les-Landes (210), Saint-Vincent-de-Paul (46). Des syndicats se fondent à Pontonx le 12 février (60 m.), à Magescq, Lesgor, Castets, Buglose, Moliets-et-Mâa, au mois de mars. D'autres se forment ensuite à Soustons, Mezos, Seignosse (86), Beylongue, Capbreton (42), Mimizan (205), Saint-André-de-Seignanx, Gastes (70), Sainte-Eulalie, Geloux. Bref, de janvier à juin 1907, toute une floraison de syndicats ouvriers prenaient naissance dans le Marensin et dans le Born. Au congrès de Morcenx le 23 décembre ils seront au nombre de 32.

Ces syndicats n'avaient pas d'autre but en se

constituant que de se grouper pour lutter contre le capital et établir des revendications portant sur les prix du travail de la résine et sur les conditions du métayage. Dès la première heure, ils se mirent à l'œuvre. Le 15 janvier, le syndicat de Rion-les-Landes se formait avec 200 adhérents et décidait, dès cette première séance, de convoquer les propriétaires pour le 25 janvier afin de leur soumettre un tarif. 70 patrons se présentèrent, mais il n'y eut pas d'accord. L'entente se fit quelques jours plus tard aux conditions offertes par les propriétaires syndiqués (1). Le 28 janvier un contrat conclu pour trois ans intervenait également entre les résiniers et les propriétaires de Lesperon (2).

Mais ce mouvement ne devait pas rester pacifique. La faute peut d'ailleurs en être attribuée aux adjudicataires. Ce que les syndicalistes veulent avant tout, c'est que les patrons reconnaissent l'existence légale de leur syndicat et ne dédaignent pas de traiter avec lui. Or, les adjudicataires des forêts de l'Etat, sises

---

1. Tarif : résine 30 francs jusqu'à 60 et 66 (les 6 francs comptés pour le matériel). Un quart pour le surplus. Le transport à la charge des résiniers dans la commune. Si le propriétaire fait lui-même le transport, retenue de 2 francs par barrique.

2. Il était fait sur les mêmes bases que celui de Rion-les-Landes, sauf pour le transport qui était à moitié jusqu'à concurrence de 2 francs. S'il dépassait ce prix, la différence était à la charge du propriétaire.

dans la commune de Lit-et-Mixe, crurent qu'ils pourraient impunément renvoyer quinze ouvriers syndiqués. Le 12 février, 160 résiniers de la commune formèrent un cortège et, drapeau rouge et clairon en tête, allèrent manifester dans les forêts domaniales. Cette grève de Lit-et-Mixe devait prendre une certaine extension. Elle se propagea vers le sud du Marensin. A Vieille-Saint-Girons, le 18 fevrier, 80 résiniers se réunissent. Des démarches avaient été faites précédemment par le maire au nom des syndiqués pour obtenir l'unification des prix dans la commune et l'expulsion des ouvriers étrangers. Ces démarches n'ayant pas abouti, par un vote secret la grève fut déclarée. A Lesperon, lors de l'entente du 28 janvier, quelques propriétaires n'avaient pas voulu céder ; la grève générale fut décidée le 26 février. Les résiniers de Vieille-Saint-Girons et de Lesperon vinrent ainsi grossir le nombre des mécontents. La brigade de gendarmerie de Morcenx se transporta à Lesperon, mais n'eut pas à intervenir. La grève se termina au début de mars. Cependant, il y eut à Lesperon de nouvelles difficultés. Le 3 mars, en présence du juge de paix de Morcenx, M. Clavé, un accord allait intervenir, les propriétaires donnant satisfaction complète aux grévistes, lorsque ceux-ci demandèrent à revenir sur le contrat du 28 janvier. Les délégués des patrons refusent de traiter ; 150 ouvriers ne reprirent pas le travail. Le 6 mars les propriétaires réunis, par 35 voix sur 35 votants, refusèrent d'accorder satisfaction, disant avec juste raison que le contrat, conclu pour trois ans, devait être respecté par les deux parties. Au cours de ce conflit, les résiniers se livrèrent à des actes de sabottage. Le 8 mars, ils arrachèrent les crampons des arbres dans certaines propriétés afin d'empêcher le gemmage. Le juge de paix, en présence de cette situation qui menaçait de tourner à la violence, finit par réunir une commission mixte et une entente fut conclue le 10 mars pour une durée de trois ans (1).

Pendant la même période, des accords intervinrent sans grève dans certaines communes. A Magescq, le 28 février, propriétaires et résiniers décidaient que la résine serait payée moitié jusqu'à 60 francs et que l'ouvrier aurait le quart du supplément, avec une réduction de 3 francs par barrique pour les pins *gemmés à mort*. A Pontonx-sur-l'Adour, les mêmes conditions étaient

---

1. Tarif adopté : prix de la barrique de 340 litres : moitié jusqu'à 60 francs et pas de frais de transport pour le résinier. Au-dessus le propriétaire prélèvera, sur la totalité du prix, 12 o/o et le résinier fournira 1 franc par barrique pour les frais de transport. Pour les pins vendus par le propriétaire aux commerçants de bois, le partage s'établira par moitié jusqu'à 50 francs, de 50 à 60 francs le commerçant retiendra 12 o/o sur la totalité du prix, au-dessus de 60 francs le commerçant retiendra également sur la totalité du prix 20 o/o. Dans un but de bonne harmonie, les propriétaires s'engagent à reprendre les résiniers et métayers qui ont fait la grève.

adoptées le 4 mars, mais le quart ne devait être prélevé que jusqu'à 100 francs, le surplus du prix restant au propriétaire. Le 23 mars, à Castets, même
convention qu'à Magescq. On la complétait en
disant que le résinier paierait la moitié du transport,
sans dépasser un maximum de 1 franc par barrique,
et les propriétaires s'engageaient à fournir aux
ouvriers le bois nécessaire à leur chauffage. Dans
certaines communes, à Buglose, à Saint-Vincent-de-
Paul (21 mars), les propriétaires refusèrent d'accorder satisfaction (1).

Cependant, les conseils municipaux du Marensin
donnaient l'exemple (2). Ils décidaient que les résiniers communaux auraient la moitié du prix jusqu'à
60 francs et le quart du supplément.

A Moliets-et-Mâa, les propriétaires ne voulant pas
accepter ces conditions, les ouvriers se mirent en
grève le 9 avril. Cette grève ne dura pas : une
entente intervint le 11 avril (3).

---

1. A Saint-Vincent-de-Paul, les résiniers demandaient le
tarif de Magescq et y ajoutaient : 1° la défense de congédier un
ouvrier, sauf motifs graves, avant les trois années du jour de
son entrée ; 2° l'obligation pour les propriétaires de ne pas
abattre les pins de trois ans, à moins de nécessité absolue
reconnue par le syndicat ou de cas de force majeure.

2. Conseil municipal de Tosse. Séance du 14 avril.

3. Conditions : pour les pins ordinaires, moitié jusqu'à
60 francs ; un quart du surplus, 1 fr. 50 pour le transport et
invariablement ;pour les pins à mort, moitié jusqu'à 60 francs,

Les grèves devaient reprendre au mois de mai plus terribles et plus nombreuses. Le 13 mai, à Mezos, une réunion sans succès avait lieu entre propriétaires et résiniers. Le conflit fut violent. Les grévistes se livrèrent à des excès. C'est ainsi que dans la nuit du 14 au 15 ils dévastèrent le jardin du maire, le Dr Gourdon. Le 17 mai, dans l'après-midi, les membres du bureau du syndicat des propriétaires furent cernés à l'Hôtel de ville. Le préfet, arrivé sur les lieux, ne put décider les grévistes à laisser sortir les prisonniers. Il dut faire venir deux compagnies du 34e d'Infanterie et c'est grâce à ce renfort que la gendarmerie put dégager les propriétaires, le 18, à 3 heures du matin. Un contrat fut signé dans l'après-midi du même jour, en présence du juge de paix de Mimizan et du Secrétaire Général de la Préfecture. Conclu pour trois ans, il présentait un caractère nouveau : il établissait des conditions, non seulement pour le prix

---

un quart pour le surplus après prélèvement d'une somme de 3 francs au profit du propriétaire ; pour les forêts communales, moitié jusqu'à 60 francs, un quart pour le surplus; le transport à la charge de la commune. Sur ce point, les ouvriers demandaient moitié jusqu'à 80 francs et le quart au-dessus. Les ouvriers abandonnaient la prétention de faire reprendre par les propriétaires les ouvriers qui auraientpu, jusqu'à ce jour, être renvoyés pour cause de grève. L'accord était fait pour trois ans (1906-1909).

de la résine, mais aussi pour le métayage. Il consacrait de plus, d'une façon absolue, la légalité du syndicat des propriétaires et du syndicat des résiniers (art. 10) (1).

---

1. Convention de Mezos, 18 mai 1906.

### *Résine*

Article premier. — La résine jusqu'à 60 francs la barrique de 340 litres, sera payée par moitié ; le propriétaire paiera la moitié du transport ; si le transport de la barrique du résinier doit dépasser 2 francs, le propriétaire paiera seul le supplément. Le propriétaire prendra sur la barrique du résinier, à partir de 60 francs, jusqu'à 110 francs, 2 francs par dizaine et proportionnellement par fraction et dizaine de francs. Si la résine dépasse 110 francs, le propriétaire ne prendra rien jusqu'à 160 francs. Après ce prix, il retiendra encore 2 francs par dizaine.

Art. 2. — Le résinier se réserve le droit de faire six amasses par an et de rentrer en possession de son argent à chaque amasse d'après la base de la vente de la commune de Mezos. Si l'on fait sept amasses on appliquera le prix de la commune de Saint-Julien-en-Born.

Art. 3. — Tout commerçant producteur de résine sera obligé de payer les résiniers en argent et non en marchandises.

Art. 4. — Les propriétaires devront livrer au métayer le bois de pin périssable, nécessaire pour leur ménage ; ceux-ci auront la faculté de couper, dans l'endroit désigné par le propriétaire, toute la brande qui leur sera nécessaire.

### *Métayage*

Art. 5. — Les récoltes des métairies, dans lesquelles les métayers font le travail eux-mêmes avec leurs attelages, seront partagées ainsi qu'il suit : un quart pour le propriétaire, trois quarts pour le métayer. La semence sera fournie un quart

La grève de Mezos terminée, les compagnies du 34e d'Infanterie durent se transporter à Linxe. Les scieurs forestiers de cette commune, de Castets, de Lit-et-Mixe étaient en grève. L'entente eut lieu le 21 mai.

---

par le propriétaire, trois quarts par le métayer. Lorsque le propriétaire fait le travail avec son attelage, la récolte est partagée par moitié et la semence fournie par moitié.

Art. 6. — Les métayers s'engagent à faire pour le service du propriétaire, si celui-ci le juge nécessaire, quatre jours de travail à l'époque du fanage et quatre à l'époque du regain. Ces journées leur seront payées par le propriétaire au tarif du pays et de la saison.

Art. 7. — Les métayers logés par les propriétaires lui donneront pour droit de loge à porc une somme de 25 francs par an.

Art. 8. — Les métayers se réservent le droit de faire piquer leur grain par qui il leur plaira.

Art. 9. — Tout propriétaire sera tenu de fournir le bétail (brebis ou chèvres) nécessaire à la confection du fumier de la métairie ; il devra également payer le gage du pasteur. La laine et le croît du troupeau appartiennent au propriétaire.

Art. 10. — La liste des syndiqués, ouvriers et propriétaires, demeure annexée au présent procès-verbal et sera déposée à la mairie de Mezos à la disposition des intéressés. Si des adhésions nouvelles se produisent, elles devront, par les soins des Présidents, être ajoutées à ces listes et notifiées au Président du syndicat co-contractant.

Art. 11. — Tout malentendu ou froissement qui aurait pu se produire entre propriétaires et résiniers est oublié, d'un commun accord, en vue du rétablissement de la concorde et de la bonne harmonie dans la commune de Mezos. Il a une durée de trois ans (18 mai 1906-11 novembre 1908).

Les résiniers de Soustons chômaient depuis le 16 mai. Le 23 un accord intervint, mais les conditions faites aux ouvriers n'étaient pas très avantageuses, ils obtenaient la moitié du prix de la résine jusqu'à 5o francs et le quart du surplus. Ils devaient assurer le transport des résines aux ateliers de la localité, il n'était à la charge du propriétaire que s'il vendait à un atelier situé hors de la commune. Pour les pins gemmés à mort, le propriétaire retenait 3 francs par barrique sur le quart du surplus.

A Seignosse, les résultats furent meilleurs. Après sept jours de grève (23-3o mai), les ouvriers obtinrent le tarif courant, soit la moitié du prix jusqu'à 6o francs, le quart du surplus ; le transport à moitié frais.

Au mois de juin, le mouvement devait devenir plus violent. Depuis la grève du 26 février, de sourdes rancunes fermentaient dans les cerveaux des résiniers de Lesperon. Le 3o mars, la presse locale signalait des déprédations commises dans un lot de pins. Cela prouvait un esprit d'hostilité qui devait se manifester au premier choc. L'occasion ne se fit pas attendre longtemps. Des propriétaires de Lesperon, MM. Badet, Mesplède et Mora renvoyèrent trois résiniers. Le syndicat intervint, mais les propriétaires refusèrent de les réintégrer. D'autre part à Lévignacq, certains propriétaires annoncèrent leur intention de faire abattre leurs pins et de vendre leurs bois, ce qui priverait les résiniers de tout travail. Il n'en fallait pas davantage pour ramener la grève. Le 3 juin, les Présidents de syndicat des communes des cantons de Dax, Castets, Morcenx, Soustons, etc, se réunirent à Castets, flétrirent d'un commun accord la conduite des propriétaires et autorisèrent la levée des drapeaux dans les communes de Lévignacq et Lesperon. Cette action collective était un commencement de solidarité ouvrière qui devait aboutir plus tard à la formation d'une Fédération. Le maire de Lesperon, M. Badet, fit venir un bataillon du 34ᵉ d'Infanterie et des brigades de gendarmerie. Ces troupes ne furent pas inutiles, car les grévistes se livrèrent à des violences que le Code pénal a pris soin de réprimer. Ils mirent le feu à deux bergeries appartenant à M. Mesplède et arrachèrent une partie de ses vignes. A l'aide de manifestants venus des communes voisines, les grévistes tentèrent également d'incendier les forêts. Ce furent les soldats qui arrêtèrent à temps l'incendie. La sécurité n'existait plus, surtout pour les propriétaires récalcitrants. On fut obligé de garder militairement la maison de M. Mesplède. Il y eut vraiment un moment d'affolement. Les grévistes étaient enrégimentés. Leurs chefs avaient des galons et étaient armés de grosses cannes.

Le Parquet transporté sur les lieux, ainsi que la Préfecture, fit arrêter le secrétaire du syndicat, Duvi-

gnacq, que l'on soupçonnait d'être l'auteur de l'incendie. Mais toute enquête fut impossible. Pas un
témoin ne voulut répondre. Les grévistes réclamèrent à grands cris sa mise en liberté.

Le 7 juin, il y eut une bagarre violente à ce sujet,
au cours de laquelle on opéra quatre arrestations
pour outrages à la gendarmerie. Duvignacq fût relâ-
ché, faute de preuves suffisantes contre lui, et sa
mise en liberté remit un peu de calme dans les esprits.
Le 8 juin, les grévistes abandonnèrent leurs prétentions et reprirent le travail (1).

A Buglose il y eut aussi des violences. Le 10 juin,
cinquante grévistes entourèrent la maison de
M^lle Nougaro, sous le prétexte qu'elle avait renvoyé
un métayer. Le maire dut requérir la gendarmerie
pour disperser les résiniers.

Après la reprise du travail à Lesperon, l'agitation
qui avait régné dans tout le pays du Marensin cessa
peu à peu. Des contrats furent conclus dans les communes pour une durée de trois ans ; et si les conditions restaient très variables dans le détail, les résiniers obtenaient en général la moitié du prix de la
résine jusqu'à 60 francs et le quart du surplus (2).

Les salaires du Marensin n'atteignaient pas encore
ceux du pays de Born. Une révolte des ouvriers de

----

1. *Le Républicain Landais*, n^os des 3, 8, 10 juin 1906.
2. A Lesgor, ils obtenaient la moitié jusqu'à 70 francs et le
quart du surplus.

celte région ne pouvait donc se justifier. Cependant, en présence des résultats obtenus dans le sud, ils n'hésitèrent pas à demander des augmentations.

Les métayers de Mimizan réclamaient le 23 juillet la suppression des redevances et leur remplacement par un loyer fixe annuel. Les résiniers devraient recevoir la moitié du prix de la résine, sauf une retenue fixe de 4 francs ; le travail des pins situés sur la commune devrait être réservé aux résiniers habitant cette commune, et ces conditions nouvelles auraient un effet rétroactif à compter du 1er juillet. Mais les propriétaires, — qui n'étaient pas constitués en syndicat, — refusèrent tous d'accéder à ces desiderata. Cent quatre-vingt grévistes battirent la campagne ; comme dans le Marensin, le 34e régiment d'Infanterie et des brigades de gendarmerie durent intervenir. Le 25 juillet, les grévistes arrêtèrent sur un chemin des muletiers qui transportaient des barriques de gemme. Le lendémain, un gendarme fut blessé au cours d'une échauffourée. Le 29 juillet, un propriétaire fut cerné et ne put regagner sa demeure que sous la protection des gendarmes. Le soir les grévistes entourèrent la maison. Il y eut même un coup de feu tiré dans la direction de la troupe. De nombreuses déprédations furent commises dans la forêt et dans les champs. Le 31 juillet, un accord mit fin à ces violences. Propriétaires et ouvriers modifiaient le tarif du résinage et les conditions du métayage pour

une durée de trois ans, convenaient d'oublier les faits
regrettables qui s'étaient produits ; les résiniers obtenaient la moitié du prix de la résine, sauf une retenue de 6 francs par barrique, pour frais de transport. Les redevances des métayers étaient rempla-
cées par différents loyers ; les corvées subsistaient,
mais à condition d'être payées suivant un tarif fixé
par l'article 10 (1).

---

1.       *Contrat de Mimizan 31 juillet 1906*
                *Résinage*

Article premier. — Les résiniers auront droit à la moitié du
prix des résines, moins une retenue de 6 francs par barrique au
profit des propriétaires et adjudicataires pour frais de transport et usure du matériel de gemmage.

Art. 2. — Les résiniers *se réservent le droit de faire six ou
sept amasses*, selon la qualité des pins à résine ; la distinction sera faite par la Chambre syndicale. Ils se réservent le
droit de pouvoir toucher l'argent leur revenant sur le prix de
vente des résines, vingt jours après chaque amasse. Le prix
sera basé sur la moyenne des cours de Mimizan et Pontonx.

Art. 3. — La contenance réglementaire des barriques ser-
vant au transport des résines sera de 340 litres. La Chambre
syndicale procédera à leur vérification chaque fois que cela
lui paraîtra utile et agira en conséquence.

Art. 4. — Toute distribution de pins devra être effectuée
avant le premier janvier de chaque année. Les adjudicataires
de pins devront s'entendre avec la Chambre syndicale pour
cette distribution au point de vue du nombre de pins à allouer
à chaque résinier syndiqué.

A la suite de la grève de Mimizan, des contrats établis sur les mêmes bases furent conclus à Sainte-Eulalie, et à Geloux. A Saint-Julien-en-Born, des difficultés intervinrent entre deux propriétaires et deux résiniers. Mais afin de ne pas rompre l'harmo-

---

### *Métayage*

Art. 5 — Tout propriétaire *qui possède de moitié avec le métayer tous les animaux dont ce dernier a la garde*, sera tenu de fournir la moitié du fourrage nécessaire à leur nourriture, si le fourrage vient à manquer dans la métairie.

Art. 6. — Les *redevances relatives au droit de loge à porc, quartier de cochon et jambons, et au droit de chapons*, poulets et œufs sont supprimés et remplacés par le paiement, à titre de loyer, d'une somme d'argent. *Cette somme sera de 25 francs pour le premier cochon et de 10 francs pour le second.* Le montant en sera payé pour la foire de Labouheyre, en septembre. Toutefois, les métayers seront libres de donner au propriétaire les chapons et les poulets suivant convention entre eux.

Art. 7. — Les frais de *dépiquage du seigle* seront supportés par le propriétaire et par le métayer dans la proportion fixée pour le partage.

Art. 8. — La paille qui ne sera pas consommée sur la métairie sera partagée par moitié.

Art. 9. — Les métayers paieront au propriétaire la somme de 6 francs pour loyer du jardin.

Art. 10. — Les journées données jusqu'à ce jour à titre gratuit ou à des prix divers sont maintenues et rendues obligatoires, si les propriétaires l'exigent aux conditions suivantes : journée ordinaire d'homme 2 fr. 50, journée de faucheur 4 francs, journée de femme 1 fr. 25, journée d'attelage à deux bêtes 10 francs, journée d'attelage à une bête 6 francs, journée d'attelage bêtes à cornes 6 francs.

nie, il fut décidé le 12 septembre que les parties se conformeraient à la décision d'experts nommés pour résoudre la question. Le conflit fut ainsi évité. Signalons une grève à Gastes, le 24 septembre, chez les résiniers travaillant aux dunes; mais elle fut de courte durée (3o septembre).

Tout ce vent de révolte n'eut pas seulement pour résultat d'augmenter les salaires, il fit aussi pénétrer dans les esprits l'idée syndicale. De toutes parts des associations s'étaient fondées. Toutes les communes où la résine n'était pas partagée à moitié virent naître un syndicat. Au mois de mars 1907,

Art. 11. — Toutes les conditions relatives au métayage qui ne sont pas comprises dans le présent réglement sont maintenues sans modification par le syndicat.

Art. 12. — Les conditions de métayage et de résinage qui font l'objet du présent réglement n'ont pas d'effet rétroactif, elles ne deviendront exécutoires qu'à partir du 1er janvier 1907 pour le résinage, et du 1er novembre 1907 pour le métayage, sous réserve cependant que le métayer pourra pour l'année 1907 payer 25 francs pour un quartier de cochon (usages actuels) et 10 francs au lieu du jambon. En outre l'article 10 sera applicable dans son intégralité à partir du 1er novembre 1906.

Art. 13. — Le contrat est fait pour trois ans à partir du 1er janvier 1907 pour le résinage et du 1er novembre 1907 pour le métayage. Ce contrat devra être dénoncé conformément aux usages locaux.

Art. 14. — Tout malentendu ou froissement qui aurait pu se produire entre propriétaires et résiniers est oublié d'un commun accord, en vue du rétablissement de la concorde et de la bonne harmonie dans la commune de Mimizan.

sur 123 localités des pays de Born, de la Lande et du Marensin, on en comptait 34 pourvues d'un syndicat (1). Ce chiffre était déjà atteint à la fin de l'année 1906, puisqu'au congrés de Morcenx 32 syndicats étaient représentés.

Ce congrès qui se tint les 21-22 décembre permit aux résiniers et métayers de compter leurs forces syndicales et de les unir pour une lutte commune.

Après quelques discours où l'esprit révolutionnaire se donna libre cours, les délégués de Morcenx nommèrent des commissions de métayage, de résinage, de bétail *à compte à demi* qui élaborèrent des tarifs uniques. Les syndicats prirent l'engagement de les imposer aux propriétaires. Une Fédération départementale des résiniers et métayers landais fut fondée. Mais cette Fédération devait être longtemps sans force, car des dissensions se produisirent dès la première heure. Le secrétaire du syndicat de Sainte-

———

1. Azur (69 m.), Béylongue 75, Capbreton 8, Carcen-Ponson 100, Castets 142, Escource 105, Gastes 67, Gourbera 29, Herm 112, Lesgor 55, Laluque 90, Léon 170, Lesperon 140, Levignacq 67, Linxe 140, Lit-et-Mixe 275, Onesse-Laharie 135, Magescq 138, Messanges 72, Mimizan 170, Moliets 59, Mezos 172, Pontonx 71, Rion 243, Seignosse 83, Soorts 5, Soustons 185, Saint-Paul-les-Dax 18, Sainte-Eulalie-en-Born 182, Saint-Julien-en-Born 198, Saint-Vincent-de-Paul 37, Vieux-Boucau 27, Vieille-Saint-Girons 110, Boos (syndicat en formation). Soit 634 syndiqués dans l'arrondissement de Saint-Sever, 1.917 dans l'arrondissement de Dax, 904 dans l'arrondissement de Mont-de-Marsan, total 3.379.

(*Le Républicain Landais*, 31 mars 1907).

Eulalie, Duclos, demanda l'adhésion à la Confédération Générale du Travail, mais le secrétaire de la
Fédération, Ducamin, prétendit que cette adhésion
était prématurée et même funeste aux intérêts des
syndiqués. Il y eut une rupture et, de retour à
Sainte-Eulalie, Duclos fit une conférence flétrissant
la conduite *du jaune* Ducamin ; il entraîna plusieurs
syndicats du pays de Born à adhérer à la Confédération Générale du Travail individuellement.
Aujourd'hui encore huit associations restent en
dehors du mouvement fédéral.

Une décision importante avait été prise à ce congrès : l'unification des tarifs. Les syndicats allaient-
ils se décider à reprendre la lutte pour faire aboutir
cette réforme ? Au début de l'année 1907, nous les
voyons tous se réunir et prendre des décisions à ce
sujet. Le syndicat de Rion-les-Landes revendique
hautement ce nouveau tarif ; mais les propriétaires
décident de s'en tenir aux conditions de 1906 tout au
moins en ce qui concerne le résinage. Les résiniers
abandonnent alors une partie de leurs prétentions
et le 1er février une entente est conclue pour cinq ans
à compter du 11 novembre 1907. L'ouvrier obtenait
la moitié du prix de la résine jusqu'à 60 francs et le
tiers de la plus-value. Le congrès de Morcenx avait
demandé la moitié. Le transport devait être fait gratuitement par les ouvriers dans les limites de la
commune. En dehors, le propriétaire devait payer un

supplément de 2 francs par barrique. Le bois de chauffage était fourni au résinier. Aucune des autres conditions du congrès ne figurait dans le procès-verbal de la commission. Quant aux conditions du métayage, elles sont trop spéciales et compliquées pour pouvoir être énumérées et comparées à celles du congrès ; disons seulement qu'elles s'inspiraient d'elles en partie, mais laissaient subsister les conditions diverses de métayage à moitié ou au quart ainsi que les redevances. Les journées de corvée devaient être payées par le propriétaire, mais à des prix inférieurs (1 fr. 50 sans nourriture).

Un accord pour une durée de cinq ans à compter du 1ᵉʳ janvier 1906 fut également conclu à Taller, mais les conditions étaient moins favorables qu'à Rion-les-Landes. Les résiniers obtenaient la moitié du prix jusqu'à 60 francs et le quart de l'excédent. Le transport était supporté par moitié jusqu'à 2 francs et à la charge du propriétaire pour le surplus. Enfin, un article de la convention est à signaler : « les propriétaires ne pourront pour le motif qu'un résinier ou colon ferait partie d'un syndicat, ni le congédier, ni augmenter les locations ou fermages actuels, pas plus que de changer les usages existants concernant le bois de chauffage nécessaire aux résiniers, qu'ils soient métayers, fermiers, ou simplement locataires. » (1).

1. *Bulletin de l'Office du Travail*, février 1907. P. 124.

Cependant la plupart des syndicats, dans leurs réunions au début de l'année, ne craignirent pas de rester dans le *statu quo* et d'affirmer qu'ils respecteraient les engagements antérieurs. A Azur le 17 janvier, à Lesgor le 27, les résiniers se montrèrent rebelles à toute hostilité nouvelle. L'œuvre du congrès de Morcenx devait rester sans résultat.

Il est vrai que ces résolutions ne furent chez quelques-uns que de courte durée. Si le pays du Marensin se montrait disposé à la paix, le pays de Born bouillonnait d'impatience, et la querelle survenue au congrès de Morcenx entre Duclos et Ducamin avait apporté des ferments de haine et de révolte dont devaient souffrir à la première occasion les propriétaires.

Un prétexte ne se fit pas longtemps attendre. Trois ou quatre adjudicataires des lots de pins de l'État, quoique respectant les prix et conventions arrêtés lors de la grève de juillet 1906, voulurent imposer aux résiniers la responsabilité de la moitié de la casse des pots. Les communes de Gastes, Sainte-Eulalie et Mimizan se soulevèrent (14 février 1907). Le juge de paix de Sainte-Eulalie voulut offrir sa médiation et demanda aux grévistes leurs revendications, mais ils refusèrent toute conciliation, indiquant

---

Un autre accord fait sur les mêmes bases et de même durée fut conclu le 10 février à Castets. (*Bulletin de l'Office du Travail*, mars 1907, p. 220).

que le but poursuivi était d'obtenir le monopole du travail chez les adjudicataires, au profit exclusif des syndiqués. Il y eut de nombreux troubles au cours de ce conflit. Des déprédations nombreuses furent commises dans les dunes de l'Etat ; à Mimizan des milliers de pins furent brisés dans la forêt domaniale. Une tentative d'interruption de circulation entre le village de Sainte-Eulalie et les dunes fut consommée dans la matinée du 16 février ; quatre madriers de 20 centimètres de largeur furent enlevés au pont dit « du Gouvernement » installé sur le courant qui relie les lacs du Nord à l'étang de Mimizan. Le 17 février à 8 heures du soir, une grange en bois était incendiée. Huit mille pots étaient brisés dans la propriété de M. Dalbusset et huit mille dans la propriété de M. Laousse. Ce sont là des violences qu'on ne saurait trop condamner.

M. Corneille, maire de Sainte-Eulalie, assisté de M. Monod, directeur des domaines de la société Péreire, essaya de faire cesser la grève par la persuasion, mais il fut impuissant, et les violences continuèrent. Le 24 février, 100 manifestants armés de bâtons frappèrent les gendarmes qui maintenaient l'ordre ; le lieutenant Molin et plusieurs gendarmes furent blessés. Les grévistes frappaient à la tête de préférence. Le 28 février les résiniers firent une promenade avec clairon en tête. Les gendarmes, voulant faire appliquer un arrêté du maire interdisant toute manifestation, s'emparèrent du clairon, mais ils durent le relâcher devant l'attitude menaçante des grévistes (1).

La situation menaçait de devenir tragique, à tel point que la commission départementale du Conseil Général s'en émut. Dans une séance du mois de février 1907, elle demanda que le gouvernement intervint et prit des mesures pour faire respecter le droit au travail et la propriété. Elle exprima le regret que les délits de l'année précédente n'aient pas été réprimés.

D'ailleurs la grève prenait de l'extension. Elle éclatait le 27 février à Saint-Julien-en-Born, le 3 mars à Lit-et-Mixe. Il était temps d'agir. Sur intervention du maire, le travail fut repris à Saint-Julien-en-Born (2). M. Bouyssou, député de Mont-de-Marsan, obtint une suspension momentanée de la grève à Lit-et-Mixe et dans le pays de Born ; il convoqua le 5 mars, à la Préfecture, les adjudicataires pour leur soumettre les revendications des grévistes. Trente répondirent à son appel et, après une longue discussion, acceptèrent le tarif syndical. Deux articles seulement furent remaniés : l'article 4 par lequel les adjudicataires s'engageaient à employer de préférence des ouvriers de la commune, mais se réservaient le droit d'en prendre au dehors en les payant suivant le tarif

1. *Le Républicain Landais*, 17, 20, 22 février, 3 mars 1907.
2. Les ouvriers reprochaient à un adjudicataire d'avoir occupé des ouvriers étrangers à la commune.

syndical, et l'article 10 qui portait sur le motif même de la grève, la casse des pots. Les patrons décidaient de s'en rapporter à un tribunal arbitral qui établirait pour l'avenir la responsabilité de la casse. Ce qu'il y avait d'important dans ce contrat, c'est qu'il créait une sorte de conseil de prud'hommes qui devait trancher sans appel tous les conflits (1).

---

1. *Convention de Pontonx-les-Forges, 9 mars 1907.*

Article premier. — Les conditions spéciales relatives à chaque syndicat pour le prix de la barrique, du transport et de la retenue pour usure de matériel, restent celles qui ont déjà été arrêtées par chaque syndicat.

Art. 2. — Les pins seront distribués avant le 1er janvier de chaque année.

Art. 3. — Le résinage est libre dans toutes les communes. Chaque adjudicataire aura la liberté la plus entière dans le choix de ses résiniers.

Art. 4. — Toutefois l'adjudicataire consent à prendre de préférence les ouvriers (syndiqués) dans les communes intéressées et s'il en prend dans d'autres communes, ceux-ci seront payés au tarif syndical (art. modifié).

Art. 5. — Les engagements pris pour 1907 sont respectés.

Art. 6. — Création d'un conseil d'arbitrage, sorte de conseil de prud'hommes, chargé de trancher sans appel tous les conflits. Composé ainsi qu'il suit :

1° Le Député de la circonscription, président ;

2° Deux représentants des propriétaires ;

3° Deux représentants des adjudicataires ;

4° Quatre délégués des Chambres syndicales (deux de Mimizan, un de Sainte-Eulalie, un de Gastes).

Tous ces membres avec voix consultative.

5° Le Préfet ;

Le 7 mars, M. Bouyssou soumit ce contrat aux délégués ouvriers réunis à Labouheyre. Ils l'acceptèrent avec deux légères modifications. Ils voulurent que l'article 4 portât après les mots « les ouvriers » celui de « syndiqués ». Après une vive discussion, ils obtinrent satisfaction. Ils demandèrent en outre que les ouvriers qui étaient alors sans travail (une soixantaine) fussent repris comme résiniers. Les adjudicataires ne purent accéder à ce désir, car tous les pins se trouvaient distribués ; mais ils promirent de les employer dans les chantiers. L'accord ne se fit pas ce jour-là. Le 9 mars une nouvelle réunion se tint à

---

6° Le Juge de paix ;

7° L'Inspecteur des Eaux et Forêts.

Ces membres avec voix consultative.

Art. 7. — Le conseil d'arbitrage siégera à tour de rôle à Parentis et à Mimizan.

Art. 8. — Le conseil d'arbitrage pourra prononcer des sanctions pécuniaires. Le dommage causé sera évalué par un expert désigné par le dit conseil.

Art. 9. — Les présentes conventions valables pour cinq ans à partir du 1er janvier 1908.

Art. 10. — Dans un but de conciliation, les adjudicataires renoncent à demander le paiement de la casse des pots et crampons aux résiniers, quant à présent. Pour l'avenir, le tribunal arbitral établira les responsabilités et fera supporter le dommage par qui de droit (art. modifié).

Art. 11. — Il est enfin convenu que les représentants des Landes au Parlement feront des démarches pour que les présentes conventions soient insérées par l'Administration des forêts dans les cahiers des charges des adjudications futures.

Pontonx-les-Forges ; en présence de la bonne volonté des adjudicataires qui promirent de mettre à la disposition des sans-travail des pins pris parmi ceux déjà distribués aux résiniers, la convention fut signée et le travail repris.

Cependant l'agitation ne cessa pas. Les vexations et les déprédations continuèrent. Le 13 mars, un résinier de Saint-Eulalie, père de nombreux enfants, trouvait tous ses pots brisés et perdait ainsi le fruit d'un travail de plusieurs semaines. Quelques jours après, dans la même commune, une main criminelle brisait 3.500 pots remplis de résine. Le calme ne se rétablit pas davantage dans le Marensin. Le 10 mars, les ouvriers de Lit-et-Mixe allaient solennellement déposer à la mairie les revendications des métayers. Un propriétaire, M. Folin, fut assiégé dans sa maison parce qu'il se refusait à prendre pour résinier un ouvrier que le syndicat voulait lui imposer. Il n'y eut pas de grève, mais une grande agitation régna dans le pays.

A Rion-Les-Landes le 17 mars, M. Maisonnave, Président du syndicat des propriétaires, reçut une délégation ouvrière qui vint présenter un nouveau tarif, et sur son refus d'y faire droit, la grève fut déclarée. Il y eut des manifestations bruyantes ; la troupe dut intervenir pour disperser les grévistes qui, massés devant la maison de M. Maisonnave, en interdisaient la sortie aux propriétaires qui s'y trouvaient réunis.

La grève prit de l'extension ; le 19 mars, elle gagnait Azur (canton de Soustons), le 21 Saint-Julien-en-Born ; elle reprenait le 25 à Lit-et-Mixe, le 29 à Beylongue. Tout le Marensin était encore en insurrection. Sauf à Lit-et-Mixe, la grève fut partout de courte durée. Finie dans une commune, elle reprenait ailleurs pour parcourir ainsi tout le pays.

Un contrat fut signé à Rion le 23 mars, il modifiait, en faisant quelques nouvelles concessions aux ouvriers, la convention conclue le 1er février pour une durée de cinq ans à compter du 11 novembre 1907 (1).

Le prix du résinage était de moitié jusqu'à 60 francs. Au-dessus le propriétaire prélevait trois cinquièmes au lieu de deux tiers comme précédemment (p. 17). Le résinier y gagnait donc un quinzième d'augmentation. Le transport devait s'effectuer comme auparavant ; cependant, au cas de transport hors de la commune, le propriétaire devait payer une indemnité de 2 fr. 50 par barrique. Ces conditions devaient être applicables dès leur acceptation et pour un temps indéterminé. Aucun métayer résinier ne devait être renvoyé pour fait de grève. Pour le métayage on distinguait les métayers à moitié et les métayers

---

1. Ainsi cette convention fut modifiée avant même d'être appliquée.

au quart. Dans le premier cas, le propriétaire avait la moitié de tous les grains comme précédemment, mais les trois quarts de la paille non consommée, au lieu de la totalité. Les salaires des bergers restaient les mêmes : 100, 115 et 130 francs, suivant l'importance des troupeaux ; leur pension restait fixée à quatre sacs de seigle, un sac de maïs et un sac de millet. Les bergers non résiniers avaient un sac de seigle en supplément. Dans la métairie au quart, le propriétaire devait avoir le quart du grain, la moitié de la paille (au lieu du quart), mais il devait payer la totalité des impôts. Dans la convention du 5 février, il n'en payait que le quart. Il devait supporter le quart des engrais, la moitié des semences de fourrages verts, le gage des pasteurs. Toutes les autres charges étaient payées par le colon. Le propriétaire devait fournir deux agneaux au métayer. Les redevances en jambons, poulets, œufs étaient également maintenues. Les journées faites pour le compte du propriétaire devaient être payées 2 francs sans nourriture (au lieu de 1 fr. 50), les femmes 1 fr. 25. Les métayers devaient faire trois journées d'attelage gratuites pour les besoins de la propriété.

Deux jours après cet accord, la grève prit également fin à Saint-Julien-en-Born et à Azur ; mais l'apaisement ne se fit que dans certaines communes. A Lit-et-Mixe, où la grève dura un mois, la surexcitation des esprits se manifesta par des actes

de vandalisme sans nombre. Un pont fut coupé
pour isoler certaines propriétés. Des fils de fer furent
tendus au travers de la route pour gêner la gendarmerie. Chaque jour il y eut des tentatives d'incendie
de pins, des dévastations de parcs à bestiaux, des
ruptures de fils télégraphiques. Des milliers de pots
furent brisés chez M. Delest, conseiller général ;
12.000 remplis de résine chez M. Pelletier de Bordeaux. Une cabane appartenant à des non-syndiqués fut saccagée au lieu dit « Seyzolle » chez
M. Pelletier ; une vigne appartenant à M. Mathieu
fut ravagée. Les grévistes chaque matin répondaient
à l'appel ; ils se répandaient ensuite par bandes dans
les rues et se livraient à des violences. Cette grève
de Lit-et-Mixe pourrait être inscrite dans les annales
révolutionnaires. Si elle ne fut pas marquée par le
sang, il y eut néanmoins plusieurs collisions graves
avec la troupe. Le 27 mars, les propriétaires réunis
dans un café furent cernés par les grévistes. Il fallut
l'intervention du maire et du sous-préfet pour les
délivrer. Le 29, cette intervention n'est plus suffisante. Deux cent cinquante ouvriers, armés de
bâtons et précédés de femmes, envahissent la ter-
rasse d'un café et lancent des cailloux dans la devan-
ture. Il y eut une mêlée générale. La gendarmerie
dut opérer des arrestations nombreuses qui eurent
leur écho devant le tribunal correctionnel de Mont-
de-Marsan. Les femmes n'étaient pas les moins

ardentes dans la bataille. Une trentaine d'entre elles formaient une garde d'honneur au drapeau syndical et, par leurs cris, encourageaient les hommes à la résistance. Le drapeau fut néanmoins saisi par les gendarmes. Il y eut de nombreux blessés, plusieurs arrestations maintenues, en particulier celle de Ducamin, le Président du syndicat, organisateur de la grève.

Les pourparlers de conciliation avaient été engagés dès le début de la grève, mais toutes les tentatives avaient successivement échoué. La Confédération Générale du Travail d'ailleurs n'avait fait, par ses conférences révolutionnaires, qu'aggraver la situation. Les résiniers demandaient la moitié du prix de la barrique jusqu'à 60 francs et les deux cinquièmes de la plus-value. Ils voulaient en outre que le conseil municipal se réunisse pour discuter avec eux la question des résines communales. Les esprits furent quelque peu apaisés par la mise en liberté provisoire de Ducamin ; mais les propriétaires ne voulurent point céder. Le conseil municipal lui-même décida, pour les résines communales, le maintien absolu du contrat de résinage de 1906. La situation menaçait de s'éterniser. Devant l'obstination opiniâtre des grévistes, quatre propriétaires cédèrent. Le mouvement fut suivi et, à la fin du mois d'avril, le travail fut définitivement **repris.**

Il y eut encore quelque agitation, mais peu à peu le calme se rétablit. A Beylongue, la grève s'était terminée brusquement le 9 avril, après l'arrestation de Grué, président du syndicat. Le 28 avril, les ouvriers de Vieille-Saint-Girons reprirent le travail aux conditions anciennes. Dans les communes de Buglose et Laluque le 1er mai, à Saint-Vincent-de-Paul le 17, la grève cessait ; elle échouait d'ailleurs partout, les résiniers comprenant qu'ils devaient respecter les engagements conclus l'année précédente. D'ailleurs, le 5 mai, il y eut à Morcenx une réunion générale des délégués des syndicats résiniers. Vingt-deux groupes étaient représentés. Ils voulurent faire preuve de modération en votant la cessation de toutes les grèves en cours. Et de fait, partout l'insurrection prit fin, même à Mimizan et à Sainte-Eulalie où elle durait depuis le 14 février (1).

Depuis cette époque l'apaisement s'est fait sur la terre landaise ; d'ailleurs, les résiniers auraient tort d'user trop souvent des procédés révolutionnaires. Les salaires actuels peuvent leur assurer une vie large et facile. Le 29 mai 1907, un résinier écrivait dans le *Républicain Landais* qu'un ouvrier travaillant avec sa femme et ses enfants pouvait, dans le résinage, se faire des recettes de 25 francs par jour.

---

1. A Sainte-Eulalie, les résiniers votèrent le 19 mai la cessation des hostilités par 176 voix contre 72. A Mezos la grève dura encore quelque temps.

# CHAPITRE VII

## Les Métayers du Bourbonnais

Depuis 1905, un travail lent, mais progressif d'organisation syndicale, s'est dessiné chez les métayers du département de l'Allier, dans la région qui englobe les arrondissements de Moulins et Lapalisse.

Comment ce mouvement qui comprend aujourd'hui 37 syndicats et 1.800 syndiqués a-t-il pris naissance ? Il a germé et mûri tout d'abord dans le cerveau d'un métayer de Bourbon-l'Archambault, Michel Bernard. Ce jeune paysan considérait, non sans raison, que l'organisation syndicale était le vrai moyen d'obtenir le relèvement de la classe ouvrière. Tous ses efforts tendirent à ce but. Au cours de ses conversations particulières avec les métayers de Bourbon, ses voisins, il chercha à semer dans leur esprit l'idée d'insoumission, de révolte et à faire leur éducation syndicale. Pendant longtemps il se heurta à la méfiance et à l'ignorance paysannes. « Bien souvent, écrivait-il à Emile Guillaumin le 13 avril 1905, je me suis buté à l'ignorance complète ; bien souvent aussi j'apercevais au fond de tous ces cœurs durcis par les peines, la crainte de ces capitalistes qui,à force de les faire souffrir et de les tenir dans l'ignorance, avaient fait de ces malheureux des machines à travailler et non des êtres pensants... Cependant, peu à peu, et sous l'impression de quelques-uns dans les plus jeunes et les plus intelligents, cette idée de syndicat germait. Alors, patiemment je me mis à préparer les statuts et tout ce que je voulais dire, le jour où je les réunirais. Je fis cette préparation l'hiver 1903-1904, j'avais terminé à la fin de février. Tout cela je l'avais fait dans le plus grand secret, me cachant même de chez nous, car tout en étant très partisan de cette idée, ma famille aurait pu m'arrêter, prétextant que j'entreprenais plus que je ne pourrais faire. Lorsque tout fut prêt, je montrai à mes parents ce que j'avais fait et,contre mon attente, je fus très applaudi. Huit jours après, d'accord avec eux, je convoquai à une réunion une vingtaine d'hommes parmi ceux que je croyais les plus sûrs. Hélas, une première déception m'attendait. De ceux que j'avais convoqué, une dizaine à peine se présentèrent. Enfin devant une quinzaine de personnes, j'expliquai de mon mieux ce que j'espérais faire avec leur concours. La froideur qui d'abord m'avait accueilli se dissipa, et c'est avec une certaine animation que cette première réunion se termina. »

On voit par là combien les débuts du syndicalisme furent modestes et difficiles chez les paysans de l'Allier. Quelques jours après cette tentative, Bernard lançait 300 convocations pour une réunion qui avait lieu le 27 mars 1904. Cette conférence fut un succès. Le syndicat de Bourbon-l'Archambault fut définitivement fondé et 90 métayers y adhérèrent sur-le-champ. Pour qu'il ait une portée pratique, en dehors du but social qu'il se proposait, il fut décidé que le syndicat se chargerait d'acheter en commun pour tous ses adhérents les engrais nécessaires à la culture.

Enthousiasmés par cet heureux résultat, Bernard et les membres du bureau commencèrent une active propagande dans le canton de Bourbon. Au mois de mai 1904, ils fondèrent des sections à Saint-Plaisir (27 membres), Franchesse (2?), Saint-Aubin (6). Au mois d'octobre le syndicat comptait 118 adhérents à Bourbon et Saint-Aubin, 47 à Saint-Plaisir et 18 à Franchesse (1).

Pendant l'hiver Bernard fit éditer une brochure de propagande pour soutenir l'œuvre encore fragile. A Ygrande une section fut fondée le 26 février 1905 avec 40 membres. A la suite d'une conférence faite

1. St-Aubin ne forma que plus tard une section, le groupe fut rattaché au début à Bourbon.

au mois de juillet à Saint-Aubin, 15 métayers adhérèrent au syndicat ; une section put y être constituée.
Ainsi, tout le canton commençait à connaître l'organisation syndicale. Cependant la propagande faite à
Saint-Hilaire n'eut pas de succès. Aucun essai ne fut
tenté à Vieure, petite commune très éloignée du chef-
lieu de canton, possédée en grande partie par deux
châtelains (1).

Aux environs de Moulins, un ouvrier maréchal
imbu d'idées collectivistes avait fondé le 21 février
1904 un syndicat d'ouvriers agricoles. A Buxières-
les-Mines, il s'était également constitué en 1900 un
syndicat de cultivateurs qui comptait 44 membres,
mais ce groupement est toujours resté indépendant
et isolé. Le 2 avril 1905, à la suite d'une conférence
faite par M. Dupont, professeur départemental
d'agriculture, des paysans de Lusigny se plaignirent
de leur condition sociale et demandèrent comment
ils pourraient l'améliorer. Ils s'organisèrent très vite
en syndicat et cet exemple fut bientôt suivi par deux
autres communes de la région : Thionne (15 mai
1905), Chézy (17 juin).

Bernard, lui, travaillait toujours de son côté, aidé
d'ailleurs dans son œuvre par un homme intelligent,
qui devait aider puissamment par sa littérature

---

1. Emile Guillaumin. *Un syndicat de cultivateurs en
Bourbonnais.*

(*Pages libres*, 2 septembre 1905, tome II, p. 210).

l'œuvre des métayers de l'Allier (1). Il se mit en rapports avec les Présidents des groupes de Gennetines, Lusigny, Chézy, Thionne. A la suite de pourparlers une réunion générale fut décidée à l'effet de constituer une Fédération des métayers de la région bourbonnaise. Elle se tint le 3 décembre 1905 dans une salle de l'Hôtel de ville de Moulins et, outre les délégués de toutes les jeunes associations de la contrée, on put constater la présence de Veuillat, secrétaire de la Fédération nationale des bûcherons et Hervier, secrétaire de la Bourse du Travail de Bourges.

Dans sa séance du 22 avril 1906, l'assemblée générale de la Fédération votait une motion indiquant le but vers lequel devaient tendre les organisations. « Considérant que pour faire aboutir les revendications paysannes, il faut une entente sérieuse et loyale, les syndicats fédérés prennent l'engagement de se soutenir en tout et pour tout ; ils feront leur possible pour créer autour d'eux des syndicats analogues et pour les faire venir à la Fédération, laquelle doit être le foyer actif où aboutiront les réclamations des cultivateurs de l'Allier et des départements voisins. Tous leurs efforts convergeront vers le même but, un peu plus de bien-être, beaucoup plus de liberté » (2).

1. Je veux citer le romancier bien connu, Emile Guillaumin, l'auteur de la *Vie d'un Simple*.
2. *Le Travailleur rural*, mai 1906, p. 5.

De nouveaux syndicats se constituaient et venaient adhérer à la Fédération : syndicats de Besson, de Montoldre (1er avril 1906) (admission du 22 avril) ; syndicats de Lafeline (3 juin), Jaligny (20 mai, — 41 adhérents au début), Vaumas (19 août), Meillart (26 août), Bressolles (11 mars), Tréteau (7 octobre) (admission à la Fédération le 14 octobre). Des conférences syndicales ne permirent pas de constituer des organisations durables à Saint-Menoux et Souvigny. Au mois d'octobre la Fédération comptait 803 adhérents groupés en 13 syndicats (1).

A cette date les revendications se précisent. Le congrès du 14 octobre adresse aux pouvoirs publics trois pétitions tendant, l'une à demander qu'une patente soit payée par les *fermiers généraux*, l'autre à ce qu'il soit établi des conseils de prud'hommes dans l'agriculture, la troisième dénonçant le manque d'hygiène des habitations rurales. En même temps la Fédération lançait un appel à tous les *camarades paysans...* « Considérant que les travailleurs de la terre ne sont pas suffisamment préparés pour une action coercitive immédiate, mais que cette action, d'autre part, ne saurait être ajournée indéfiniment,

---

1. Rapport de la commission de statistique et de propagande au congrès du 14 octobre : Bourbon 220 m., Lusigny 60, Chézy 24, Thionne 23, Besson 47. Montoldre 23, Lafeline 53. Jaligny 149, Gennetines 35, Vaumas 94, Meillart 31, Bressolles 12, Tréteau 42.

il a été décidé qu'elle devrait être tentée le 1<sup>er</sup> février 1909. Camarades, pénétrez-vous bien de cette idée : à partir du 1<sup>er</sup> février 1909, plus de *fermiers généraux*, plus d'impôt colonique, plus de corvée ni de redevance, plus de conditions arbitraires ou tyranniques, la réelle culture à moitié fruits... En attendant, la Fédération, par la propagande, s'efforcera d'amener aux syndicats tous les hommes conscients de leurs devoirs et de leurs droits. Elle travaille pour votre bien-être à tous, mais elle se croit en droit d'attendre de vous un peu de sympathie et de courage. Que tous ceux qui ne sont pas encore syndiqués se décident enfin. La Fédération leur adresse un appel pressant ; qu'ils fassent taire leurs préférences personnelles ; il faut que vous soyez tous groupés pour assurer la réussite de la grande action commune du 1<sup>er</sup> février 1909. — Le comité fédéral. » (1).

Mais jusqu'à cette date il n'y aura pas de mouvement gréviste. « Le succès certain, durable et réel ne sera possible que le jour où beaucoup d'entre vous se seront convaincus qu'ils doivent travailler à le mériter. Il faut donc : 1° qu'ils soient des syndiqués soucieux de leurs devoirs ; 2° qu'ils soient des hommes de conduite irréprochable ; 3° qu'ils soient déterminés à s'instruire. » (2)

---

1. *Le Travailleur rural*, novembre 1906, p. 1.

2. E. Guillaumin « l'Utile Effort. » (*Le Travailleur rural*, février 1907, p. 6).

Avec de semblables principes, E. Guillaumin infiltre une force latente dans ces associations qui se concentrent pour mieux agir plus tard. Dans toute la région les paysans s'organisent. Des syndicats ont été créés à Lapalisse (novembre 1906), Droiturier (30 octobre), Barrais-Bussoles (23 décembre), Billezois (18 novembre), Cressanges (7 octobre), Bessay (1er juillet), Bresnay (28 octobre), Coulaudon (novembre), Tronget (9 décembre), Lurcy-Lévy, Saint-Léon (décembre), Neuilly-le-Réal (21 octobre), Saint-Gérand-de-Vaux (12 août), Saint-Prix (novembre), Châtelus (décembre), Le Breuil (décembre), Saint-Didier-en-Donjon avec deux sections à Le Pin et Saint-Léger-sur-Vouzances (janvier 1907), Saint-Etienne-de-Vicq (février 1907). Par l'admission en masse de ces syndicats, lors de la réunion du 12 avril 1907, la Fédération bourbonnaise voyait le nombre de ses adhérents porté à 1800 (31 syndicats). Au congrès des 15-16 novembre 1907, trois autres syndicats adhéraient encore : Mercy (février 1907), Chemilly (mars 1907) et Saint-Ennemond. Mais le syndicat de Saint-Didier-en-Donjon donnait sa démission. Le nombre des syndicats adhérents est encore de 33 et le nombre des syndiqués d'environ 1.800.

Jusqu'ici ces syndicats ruraux ne se sont pas départis du calme qui permet de faire triompher les meilleures causes. L'agitation dirigée avec une sage prudence vers le progrés s'est traduite par des réunions, des conférences éducatives, des pétitions aux pouvoirs publics. Les militants veulent, avant toute action générale décisive, parachever l'œuvre d'éducation syndicale qu'ils ont entreprise. Cependant cette lenteur dans l'action n'énervera-t-elle pas les organisations? On peut le supposer. Quelques syndicats ont perdu beaucoup de leurs adhérents qui ne comprennent pas l'utilité d'un syndicat qui ne fait pas la grève (syndicats de Lapalisse et de la région avoisinante). Mais les militants ne s'en émeuvent aucunement : « le grand enthousiasme des camarades de cette région n'était qu'un feu de paille, écrit Guillaumin ; ils n'ont eu qu'un simulacre de force ; la volonté, l'âme n'étaient pas au niveau des aspirations et, sans avoir rien tenté, rien créé, leurs groupes se désagrégent... » ( 1) Il y voit simplement un défaut d'éducation syndicale qui ferait échouer une action générale. Il faut donc travailler à cette éducation, enseigner « la croyance en l'effort personnel et en l'effort collectif d'où doit découler une vie meilleure » ( 2).

---

1. *Le Travailleur rural*, novembre 1907, p. 10.

2. Il y a eu des tentatives d'organisation syndicale chez les métayers de la Charente et de la Haute-Vienne. Mais elles n'ont encore donné aucun résultat.

## *Les syndicats de colons des vignes à complant*

Les complants de la Loire-Inférieure sont une survivance de la propriété féodale. Les terres avaient été louées à perpétuité aux paysans par les seigneurs, à charge de les défricher, d'y planter de la vigne et de donner le quart de la récolte aux seigneurs. Après la Révolution et malgré les phases diverses de la politique au xixe siècle, les complants ont subsisté. Cependant, une habitude qui ne remonte pas au delà de la Révolution a fait considérer les baux à complant, comme prenant fin quand la vigne venait à périr (Trib. de Nantes, 16 juillet 1846). D'après une consultation donnée le 4 août 1838 par Me Laennec, « le bail à complant finit avec le vieux plan auquel le droit du preneur était attaché ». Malgré cette règle, un cultivateur qui avait soin d'entretenir la vigne pouvait donner à son bail une quasi-perpétuité. Mais quand vint le phylloxera, il fallut reconstruire des vignobles entiers, et beaucoup de propriétaires voulurent reprendre leur terre pour en disposer à leur gré (1). Il y eut alors des conflits ; la jurisprudence reconnut le droit des propriétaires (Trib. de Nantes, 4 décembre 1893. S. 94. 2. 315. — Cass. 11 février 1896. D. 96. 1. 239. S. 97. 1. 10). Onze

---

1. Planiol. *Traité de droit civil.* T. II, p. 565.

mille colons allaient être obligés d'abandonner leurs terres. Ils ne voulurent pas céder. Un vent de révolte et de résistance souffla sur cette région de la Loire-Inférieure. Un militant de la Fédération socialiste de Bretagne, Brunellière, les organisa en syndicats en 1891 et deux ans plus tard 1.500 colons étaient syndiqués. Ils entreprirent la lutte contre les propriétaires, leur intentant des procès qu'ils perdirent généralement, essayant aussi de faire intervenir les pouvoirs publics en leur faveur.

Après sept ans de lutte, ils obtinrent du Parlement la loi du 8 mars 1898 qui autorisait les colons à reconstituer les vignes détruites sans que le caractère ni la durée du bail soient modifiés. On leur accordait un délai de quatre ans à compter de l'époque où leur vigne était détruite.

Mais les colons après cette victoire qui leur donnait une entière satisfaction ont conservé leurs syndicats. Le nombre des syndiqués a diminué de moitié, mais il est resté un noyau de convaincus qui, depuis, par leur propagande et les œuvres de mutualité, ont ramené beaucoup d'adeptes aux syndicats (1). A l'heure actuelle, il y a dans cette région des vignes à complant 8 syndicats groupés en une

---

1. Ils ont fondé une coopérative à base socialiste pour l'achat en commun des engrais et sulfates et pour la vente du vin.

Fédération qui porte le nom d'*Union des Syndicats de Colons des Vignes à complant et Agriculteurs de la Loire-Inférieure* (1).

---

1. Syndicat du canton de Vallet avec deux sections : Vallet et Le Pallet. — Syndicat du canton du Loroux avec deux sections : Le Loroux et Le Landreau. — Syndicat du canton de Verton avec deux sections : Verton et La Haïefouassière. — Le syndicat des cantons d'Aigrefeuille et Clisson. — Le syndicat de Besné-Pont-Château. — Le syndicat du canton de Ligne. — Le syndicat de la Guyonnais. — Le syndicat du canton d'herbignac. — Total 1.200 syndiqués.

# Deuxième Partie

## FONCTIONNEMENT DES SYNDICATS
## LEUR ACTION

# INTRODUCTION

Nous avons vu se développer dans le prolétariat rural un mouvement syndical assez important pour qu'il soit utile d'essayer de le saisir dans son ensemble et d'en fixer les caractères généraux, les causes de force et de faiblesse, les défectuosités. Il nous sera difficile d'englober et d'apprécier, au même titre, dans cette deuxième partie, toutes les corporations ; car si le mouvement syndical est ancien chez les bûcherons et les vignerons du Midi, s'il a pu s'organiser solidement chez les jardiniers et chez les métayers du Bourbonnais, il n'en a pas été de même chez les résiniers des Landes, et les ouvriers agricoles du Nord. Leurs associations sont de formation trop récente pour fournir une base solide à cette étude.

Comment fonctionne le syndicat ouvrier de l'agriculture ? Le rôle de la Fédération ? Quelle importance aurait une Fédération unique qui grouperait tous les syndiqués de la terre ? Telles sont les questions qui se posent et que nous devons résoudre.

# CHAPITRE PREMIER

## Le Syndicat Ouvrier

---

### SECTION I

### *Les statuts syndicaux*

Le syndicat a rencontré dans l'agriculture des obstacles invincibles à sa formation.

Les ouvriers qui travaillent dans les champs sont très isolés les uns des autres. Leurs conversations sont rares; il leur est difficile de se communiquer leurs sentiments. De plus, ils vivent en rapports fréquents avec leurs patrons qu'ils voient chaque jour et leurs causes d'hostilité sont certainement atténuées par ce contact. Il faut ajouter que le fait d'entrer dans un syndicat est considéré dans la campagne comme une révolte ouverte contre l'autorité patronale, comme une atteinte à la puissance du maître et l'ouvrier syndiqué ne manque pas d'être signalé et mis à l'index.

Ce ne sont là, d'ailleurs, que des causes secondaires. C'est l'ignorance du prolétariat rural qui a surtout paralysé le développement syndical, c'est l'engourdissement intellectuel dans lequel il est plongé depuis des siècles et son obstination à vouloir repousser les idées nouvelles. Mais depuis quelques années, il s'est produit un changement considérable. La campagne a retenti des échos lointains de la ville. Les jeunes gens qui reviennent du régiment y ont été en contact avec des ouvriers syndiqués de la ville, ils ont parfois assisté à des grèves industrielles qu'ils ont dû réprimer ; de retour chez eux, ils savent ce que c'est que le syndicat, ils s'intéressent aux luttes politiques et à l'amélioration du sort des ouvriers, ils comprennent les théories socialistes exposées par les candidats aux élections législatives, et ils luttent chaque jour contre l'ignorance de leurs voisins. C'est à sa sortie du régiment que Jobert fait du prosélytisme syndical dans l'Yonne, que Bernard organise les métayers de l'Allier, que Ducamin révolutionne les résiniers et métayers landais. Et c'est sous la poussée socialiste que les syndicats des bûcherons du Centre et des vignerons du Midi, nés autrefois d'une cause économique, se réorganisent vers 1900. C'est la propagande socialiste faite par des candidats aux élections législatives qui fit naître les syndicats du Nord (1).

1. La campagne ʽde M. Douraigne, dans l'arrondisse-

La comparaison des statuts des premiers syndicats avec ceux des syndicats d'aujourd'hui montre bien, d'ailleurs, l'ignorance des ouvriers ruraux, il y a quinze ans et le changement qui s'est produit depuis. Les premières associations ont été plutôt des comités de grève que de véritables organisations. Lorsqu'une grève éclatait, le syndicat, se faisant en quelque sorte le porte-parole de la population ouvrière, voyait ses appels entendus, le nombre de ses adhérents augmenter démesurément, des cotisations rentrer dans sa caisse. Mais sitôt la grève terminée, les ouvriers ne comprenaient plus l'utilité du syndicat ; ils y restaient moralement attachés, mais ne payaient plus les cotisations, ne fréquentaient plus les réunions mensuelles ou trimestrielles. Le syndicat ne vivait guère alors que dans la pensée des militants qui en constituaient le bureau. Cette désertion était un si grand péril que les fondateurs des associations professionnelles avaient pris soin, en général, de mettre dans les statuts un article ainsi conçu : « La durée de la société est illimitée. Dans aucun cas, la dissolution de la Chambre syndicale ne pourra être prononcée, même lorsque le nombre de ses adhérents se trouverait réduit aux membres du bureau. » Mais cette clause n'empêcha pas les premiers syndi-

---

ment de Saint-Quentin a amené l'éclosion de 3 syndicats dans cette région.

cats des bûcherons du Centre et des vignerons du Midi de disparaître complètement.

Aujourd'hui, l'éducation syndicale a fait quelques progrès chez les ouvriers de la terre. Les syndicats ne sont plus de simples comités de grève, ce sont des organisations qui ont une vie continue, des réunions régulières et suivies, des ressources assurées. Mais leurs statuts sont encore très imparfaits. Loin d'être construits sur le même type invariable, ils présentent des différences multiples suivant chaque corporation et au sein même de chaque corporation.

Ces différences s'observent déjà dans les conditions d'admission des ouvriers au syndicat. Tandis que certains fixent un minimum d'âge, d'autres déclarent qu'il suffit d'être un ouvrier de la corporation. La Chambre syndicale des fendeurs du Centre qui a son siège à Moulins admet tous les ouvriers de la corporation à partir de seize ans. Le syndicat des ouvriers agricoles de la Brie dit dans l'article 4 de ses statuts : « peuvent et doivent faire partie du syndicat, tous les travailleurs... sans distinction d'âge ni de sexe ». Pour entrer dans les syndicats des métayers du Bourbonnais, aucune condition d'âge n'est exigée, mais il faut être présenté par deux syndiqués (Lusigny, Bourbon-l'Archambault, Besson, etc.). Cette condition d'admission me paraît d'ailleurs la plus sérieuse, car elle permet de voir si l'ouvrier fait partie de la corporation. Elle est encore exigée par beaucoup de syndicats résiniers. (Art. 5 des statuts de Castets, revisés le 13 janvier 1907.)

Les femmes sont toujours admises dans les associations. Et en fait, l'on en trouve dans les professions où elles travaillent, chez les viticulteurs ou les jardiniers. Le syndicat de Mèze en comptait une cinquantaine sur 300 syndiqués au moment des grèves de 1904. Le III⁰ congrès des travailleurs agricoles du Midi s'est préoccupé de l'organisation des femmes ouvrières et il a décidé qu'en aucun cas elles ne pourraient constituer des associations distinctes des syndicats d'ouvriers agricoles déjà existants.

Une grande variété existe dans le taux des cotisations et du droit d'entrée. Certains syndicats exigent 1 franc de droit d'entrée (Castets-des-Landes, Lusigny, Lieusaint, Bourbon-l'Archambault) ; d'autres demandent seulement 0 fr. 50 (syndicats des colons de la Loire-Inférieure), ou même 0 fr. 25 (syndicat des fendeurs du Centre à Moulins), destinés à couvrir les frais du livret individuel délivré à chaque adhérent. Le taux de la cotisation est, lui aussi, très variable. Les résiniers de Castets payent 4 francs par an, les colons de la Loire-Inférieure 1 franc (art. 4), les métayers de Lusigny 1 franc par trimestre (art. 9), les ouvriers de Lieusaint 0 fr. 75 par mois (art. 4) les fendeurs de Moulins 0 fr. 75 par

trimestre (art. 10), les syndiqués de Bourbon-l'Archambault o fr. 50 par mois (1).

Ainsi la cotisation varie avec chaque syndicat,
mais on peut établir une règle générale, c'est qu'elle
est trop faible. Elle ne dépasse jamais 6 francs par
an et son chiffre normal est 3 ou 4 francs. On comprend dès lors la pauvreté des syndicats ouvriers de
l'agriculture qui arrivent à peine à couvrir leurs frais
de correspondance, et qui sont incapables de soutenir de leurs propres deniers les grèves ou les procès
de leurs adhérents. La totalité de ces cotisations ne
reste d'ailleurs pas au syndicat. Une partie est envoyée
à la Fédération qui perçoit un certain taux par
membre et par mois. La pauvreté des syndicats est
encore augmentée par ce fait que les cotisations rentrent fort mal. C'est ce qui a activé la chute des
premiers syndicats de bûcherons et vignerons. Encore
aujourd'hui c'est au non-paiement des cotisations
que l'on constate le déclin des associations. Dans
certains syndicats, elles sont perçues le premier
dimanche de chaque mois, dans d'autres elles sont
perçues tous les trimestres. Il y a des règles très

1. Certains syndicats ont réglé d'une manière plus précise
la cotisation. Le syndicat de Castets déclare (art. 6) que lorsqu'une famille adhère au syndicat, le chef de famille seul
paye une cotisation entière, les autres payent moitié. Le
syndicat de Lieusaint (art. 4) prend soin de dire que les mala-
des ou les syndiqués sous les drapeaux ne payent pas de
cotisation.

imprécises et s'il est dit, en général, que les adhérents
en retard de trois mois dans le paiement de leurs
cotisations sont exclus, il faut avouer que bien des
syndicats n'existeraient plus, si ces mesures de
radiation avaient été strictement observées. Cependant, ce sont bien là les seules ressources des syndicats. Lorsqu'on lit les statuts, on trouve une mer-
veilleuse nomenclature de ce qui constitue le fonds
social de chaque syndicat :

1° Les cotisations ;

2° Les souscriptions volontaires des membres hono-
raires ;

3° Les subventions de l'Etat, des départements et
communes ;

4° Les dons et legs des particuliers ;

5° Les intérêts des fonds placés ;

6° Le produit des amendes (1).

Mais je ne connais pas de syndicat qui ait encore
pu se glorifier d'avoir reçu une subvention de l'Etat
ou un legs particulier, et pour que les fonds rappor-
tent des intérêts, encore faut-il les placer. Les syndicats auraient intérêt à élever le taux des cotisations. Cette augmentation est prévue par les statuts,
et les salaires des ouvriers agricoles pourraient
facilement le leur permettre. Quelques-uns sont
déjà entrés dans cette voie (Cours-les-Barres, Cuffy,

---

1. Statuts de Lusigny, article 9.

janvier 1907, La Guerche, 13 janvier 1907, Sagonne, 3 mars 1907). Mais la plupart se sont heurtés à des résistances invincibles.

Malgré la faiblesse de ces ressources, quelques associations vivant avec parcimonie ont réussi à se constituer des fonds de réserve. Chantenay possédait, en 1902, 2.800 francs; Nolay-Balleray 300 francs. En 1906 Saint-Yrieix possède 6.000 francs, Châlus 2.524 francs, Saint-Hilaire 407, Lastours 158 francs. Ces fonds sont placés à la Caisse d'Epargne, à la Caisse des dépôts et consignations, dans les Caisses de crédit agricole ou en obligations foncières. Les statuts prennent souvent le soin de déterminer le montant de la somme qui peut rester entre les mains du trésorier, et au delà de laquelle il doit verser à la Banque (1). En réalité, les syndicats qui ont quelques réserves sont très rares, et la plupart sont d'une pauvreté voisine de la misère.

Des variations notables existent encore dans l'administration syndicale. Les bureaux sont très différemment composés. On y trouve en général un président, un secrétaire et un trésorier. Mais beaucoup de syndicats n'ont pas admis la fonction honorifique de président. Ils ont été poussés en cela par un sentiment d'égalité que l'on peut croire exagéré (Saint-Yrieix). En fait, tout le travail est confié au

---

1. Article 10 du syndicat de Besson: 50 francs. — Art. 11 du syndicat de Saint-Yrieix: 25 francs.

secrétaire. C'est en général l'ouvrier le plus militant, le plus actif, le plus instruit. C'est lui qui se charge de la correspondance et qui assure, en quelque sorte, la vie morale du groupe. Ses fonctions sont assez absorbantes dans les syndicats qui ont une certaine importance, et s'il n'a plus le temps de travailler, il est tout naturel que ses camarades lui assurent une compensation. Mais si la question des appointements à donner au secrétaire s'est souvent posée, elle n'a guère pu être résolue, par suite de la pauvreté des associations.

Certains syndicats ont à leur tête un conseil d'administration (syndicat de la Bric), d'autres une Chambre syndicale composée de plusieurs membres (syndicats de bûcherons). Lorsque le syndicat a des sections dans les communes, il est administré par un comité central, composé d'un ou deux délégués par section. Ces différents conseils nomment le bureau. Toutes ces fonctions sont exclusivement réservées aux ouvriers syndiqués, mais ils sont quelquefois aidés dans leur tâche par des intellectuels. Chaque association se réunit en assemblée générale chaque mois, chaque trimestre ou chaque semestre, pour contrôler et approuver les décisions du bureau et prendre des mesures générales. Ces réunions sont la vraie manifestation de la vie du syndicat. Mais elles n'ont pas la valeur qu'elles pourraient avoir, car dans les questions que l'on y agite, les militants seuls ont l'habitude de la parole et peuvent y faire adopter des solutions que les paysans se contentent de voter.

Ainsi donc tout est dissemblable. Assemblées générales se réunissant tous les mois ou tous les trois mois, syndicats administrés par un simple bureau, une Chambre syndicale ou un comité, cotisations, conditions d'admission ; tout varie suivant les corporations et suivant les associations.

Certaines Fédérations se sont émues de cet état de choses et ont essayé d'y remédier.

Le IIe congrès horticole, tenu à Orléans en 1905, s'en est tout particulièrement occupé. Bled, le secrétaire de la Fédération, fit observer qu'il était difficile d'établir l'unification des cotisations syndicales, car il faut tenir compte des salaires qui sont différents suivant les régions. Mais il n'en est pas de même des statuts qui peuvent, sans inconvénient, être bâtis sur le même type. Il est désastreux de voir que tel syndicat considère ses membres comme démissionnaires au bout de trois mois de non-paiement des cotisations, alors que dans tel autre il y a un délai de six mois. Bled invoquait en outre des raisons de propagande et aussi d'économie par suite de l'importance du tirage. Il fut décidé que les syndicats resteraient libres de fixer le taux de leurs cotisations, mais le congrès donna mandat au comité fédéral d'établir des statuts-types qui deviendraient obligatoires pour les syndicats.

Le comité fédéral de la Fédération bûcheronne a fait savoir maintes fois par l'organe du *Bûcheron* qu'il tenait à la disposition des organisations des livrets statuts-types à o fr. 10 l'exemplaire. Mais il faut bien dire que si les jardiniers et les bûcherons se sont occupés de la question, les autres corporations l'ont complètement négligée. Il serait puéril de croire à la possibilité d'une entente complète et d'une uniformité de ce genre à travers les corporations ouvrières du monde rural.

Il convient de se demander sur quelle surface territoriale s'exerce l'action du syndicat. Chez les bûcherons du Centre, les vignerons du Midi, les résiniers landais, elle ne s'étend pas au delà de la commune (1). Les ouvriers s'y connaissent. Tous vont travailler dans la forêt voisine, dans le même vignoble, de là leur idée de fonder un groupement communal qui aura parfois pour but précisément de lutter contre la main-d'œuvre qui vient des communes voisines. Dans le Midi, citons à titre d'exemples les grèves communales de Bessan (15-18 janvier 1904) Montlaur (10-14 mars 1904), Argeliers (17-18 mars, 1904), Elne (9-12 septembre 1904) qui tendaient à

---

1. Certains syndicats bûcherons, cependant, ont une sphère d'influence plus grande que la commune.

obtenir soit le renvoi des ouvriers étrangers à la commune, soit l'emploi exclusif des ouvriers de la commune. Ces syndicats communaux ont l'inconvénient de grouper peu d'adhérents et d'avoir ainsi une faible action. Quoique les syndicats de feuillardiers et de résiniers aient pu grouper à peu près tous les ouvriers de la commune, ils n'ont guère plus de 100 à 200 membres, et ceux qui ne comprennent que le tiers (Gennetines, Lusigny, Bourbon-l'Archambault), ou la moitié (Lapalisse, Vaumas, Jaligny) sont encore numériquement inférieurs (Chézy 24, Thionne 23, Montoldre 24, Lusigny 56, Gennetines 35, Lapalisse 57). Il est vrai que l'influence de l'association n'est pas proportionnée au nombre de ses adhérents. C'est une organisation vide qui ne fonctionne guère que par intermittence et qui, comme un torrent, est prête à recevoir, en cas de grève, toute la masse de la population ouvrière, lorsqu'elle a su se faire l'écho de ses revendications.

Certains militants ont pensé que la commune était un ressort trop petit. Ils ont voulu agrandir le cercle de rayonnement du syndicat, et si quelques-uns se sont arrêtés au canton (syndicat de Bourbon-l'Archambault), d'autres ont pris pour base l'arrondissement. Chez les ouvriers agricoles du Nord, certains syndicats sont cantonaux (Rozoy-en-Brie, Mormant), mais beaucoup ont pour étendue l'arrondissement (syndicats de Provins, Soissons, Saint-

Quentin, Etampes), voire même un département (syndicat de Crépy-en-Valois dans l'Oise). Les militants de la région du Nord prétendent généralement que le syndicat doit avoir une grande étendue. Ils y trouvent les avantages inhérents à toute concentration : puissance numérique, puissance pécuniaire, action gréviste plus perturbatrice, établissement possible d'un secrétariat rétribué. Sous l'influence de ces idées, le syndicat cantonal de Nanteuil fusionnait le 3 février 1907 avec le syndicat de Crépy-en-Valois qui groupait par cela même toutes les forces syndicales du département de l'Oise. Dans cette région du Nord, certains syndicats sont ainsi arrivés au chiffre extraordinaire de 600, 800, 1.000 ou 1.500 adhérents. On comprend dès lors qu'ils deviennent une force avec laquelle le patronat doive compter. Ces groupements régionaux ont des sections dans les communes, et à la tête de chacune des sections se trouve un délégué qui la personnifie à l'égard de l'organisme central et qui est chargé de la correspondance et de la perception des cotisations. Si l'association gagne en nombre par son étendue, je crois cependant qu'elle perd de sa puissance. Le groupement communal, par la pression constante de tous les jours, l'influence des voisins les uns sur les autres, peut maintenir son ascendant sur les adhérents qui voudraient perdre l'esprit syndical, et peut en augmenter le nombre, bien plus facilement qu'un syndicat dont le siège social se trouve à plusieurs kilomètres de distance.

Les syndicats ont généralement admis dans leur sein toutes les professions auxquelles s'adonnent les ouvriers des campagnes. Des associations de bûcherons ont groupé à la fois les bûcherons proprement dits, les charbonniers, les scieurs de long, les ouvriers agricoles (1). Le syndicat des ouvriers agricoles de la Brie a parmi ses adhérents 15 jardiniers ; il avait autrefois 17 bûcherons qui sont aujourd'hui affiliés au syndicat bûcheron de Versailles. Les syndicats de jardiniers de Montreuil et de Vitry comprennent aussi des cultivateurs. Les syndicats des métayers du Bourbonnais admettent les ouvriers agricoles, les forgerons et les charrons, à tel point que la proportion des non-métayers dans chaque syndicat est de moitié. Il y a là une cause évidente de faiblesse pour les syndicats. On conçoit mal que des domestiques de ferme entrent dans le même syndicat que les métayers qui sont souvent leurs patrons. Il y a conflit d'intérêts entre eux, et la concorde ne peut exister dans le syndicat. Que viennent y faire les charrons et les forgerons ? Je les soupçonnerais volontiers d'y attiser les conflits pour qu'une augmentation de salaire retombe par incidence sur leur

---

1. Le syndicat de Sevry-Chaumoux-Marcilly (Cher) est intitulé : *Syndicat des cailloutiers, bûcherons et ouvriers agricoles.*

propre rémunération. Quel profit les 15 jardiniers du syndicat de la Brie peuvent-ils tirer de cette organisation exclusivement agricole ? Peuvent-ils espérer qu'un tarif de revendications sera dressé pour eux comme pour les ouvriers agricoles, et que ceux-ci feront grève pour assurer une augmentation de salaire à leurs frères jardiniers ? Non, s'ils ne sont pas suffisamment nombreux pour constituer un syndicat spécial, il est évident qu'ils n'ont rien à espérer d'une association similaire. Et cela a été compris. D'eux-mêmes, les ouvriers de la terre tendent à se grouper par profession. Les scieurs de long qui adhéraient autrefois aux syndicats bûcherons (ce sont eux qui ont fondé le syndicat de Saint-Amand en 1892) ont fondé, dans le Cher, la Nièvre, l'Allier, quelques syndicats qui, d'ailleurs, sont restés sans importance et sans puissance. Ces ouvriers vivent trop isolés, trop clairsemés dans les bois, leurs services sont trop facilement rendus inutiles par l'emploi des scieries mécaniques, pour qu'ils aient pu constituer des associations solides. Les charbonniers se sont, eux aussi, très souvent organisés séparément pour présenter des revendications (1).

---

1. Le 9 février 1908, une réunion de délégués des charbonniers de la Nièvre avait lieu à Châtillon-en-Bazois. Les prix de carbonisation ont été établis de la façon suivante :

Article premier. — Prix du sac de carbonisation o fr. 80, sac conforme de Paris : hauteur 1 m. 50, largeur o m. 80, sac vide.

Il faut citer l'effort puissant tenté par les ouvriers carriers qui alimentaient autrefois les syndicats bûcherons du Cher. Ils ont constitué des associations professionnelles, réunies aujourd'hui par une Fédération nationale qui compte une vingtaine de

---

Art. 2. — Prix de la benne de 24 hectolitres bien sur bord : 6 francs, pas de comble. Les sacs vides seront tenus de n'avoir que la grandeur voulue, c'est-à-dire 2 hectolitres.

Art. 3. — Le mesurage devra être fait à la coupe.

Art. 4. — Prix des places à charbon : en plaine, anciennes 2 francs, neuves 4 francs. Pour les bois de montagne, places neuves 6 francs, anciennes 2 francs.

Art. 5. — Prix de carbonisation du sac : en montagne 1 franc.

Art. 6. — Prix de la benne : en montagne 7 francs.

### Conditions

Tout bois qui devra être débardé restera à la charge de l'exploitant. L'exploitant sera tenu de fournir les terres, ainsi qne le feuillage nécessaire à la carbonisation. Toutes fournitures devront être conduites à proximité des places de charbonniers. L'exploitant devra fournir le bois nécessaire à la construction des loges. Prix des loges : de deux à quatre hommes, 10 francs ; de cinq à dix hommes, 20 francs. Le bois nécessaire pour la construction sera amené à l'endroit désisigné par le charbonnier. Le transport des outils sera à la charge de l'exploitant qui devra les faire conduire à la coupe. Le réglement des comptes sera fait à la fin de chaque coupe : l'exploitant sera tenu de verser des acomptes suivant les besoins de l'ouvrier. Un livre à souche devra être fourni par l'exploitant à chaque équipe de charbonniers pour constater le mesurage. En vertu de la loi du 18 juillet 1907, les charbonniers demandent l'assujettissement à la législation sur les accidents du travail (*Le Travailleur de la Terre*, mars 1908).

syndicats (10 dans le Cher) et 3.000 adhérents, tous carriers ou chaufourniers. Un peu partout les ruraux tendent à se grouper par profession. A Bourbon-l'Archambault et à Ygrande, il y a un syndicat de métayers et un syndicat de bûcherons. Cela permet d'établir nettement les catégories des revendications et l'union existe mieux dans l'effort pour les faire triompher.

On ne trouve pas seulement des ouvriers dans ces syndicats, il y entre aussi des petits propriétaires. Et cela s'explique. La crise agricole les a ruinés ; leurs terres sont devenues insuffisantes pour les nourrir par suite de la baisse des prix des denrées agricoles ; beaucoup doivent aller travailler chez autrui. Ils sont ainsi devenus propriétaires et ouvriers tout ensemble. Dans certaines régions surtout, cette situation a été générale. Dans le Midi, les petits propriétaires ont adhéré en masse aux syndicats. Mais ce mouvement ne peut continuer. Aujourd'hui le prix des denrées agricoles s'est sensiblement amélioré. L'agriculture entre dans une phase de relative prospérité. Les petits propriétaires commencent à relever la tête, il est évident qu'avec le bien-être ils déserteront le syndicat ouvrier.

Dans cet ordre de choses, il nous reste encore une question à étudier. Il y a, pendant la période des grands travaux agricoles, des équipes d'ouvriers étrangers qui s'abattent sur nos campagnes. Quelle

conduite ont eu les syndiqués à leur égard ? Les
ont-ils admis dans leurs rangs ? La question s'est
posée chez les jardiniers et principalement chez les
ouvriers du Nord et les vignerons du Midi. Dans le
Nord, au moment des fauchaisons, des moissons et de
l'arrachage des betteraves, le main-d'œuvre locale
devient insuffisante et des ouvriers belges viennent
concurrencer les ouvriers français. Ils travaillent
généralement à forfait. Le même phénomène s'accom-
plit dans le Midi, mais avec quelque différence. Tandis que dans le Nord les Belges s'en vont avec l'été,
dans le Midi beaucoup d'étrangers restent pendant
l'hiver et finissent par s'établir définitivement. C'est
une émigration qui vient d'Espagne et qui fournit
au Midi des hommes robustes ayant la spécialité de
faire à forfait les gros travaux de terrassement ou
de défrichement. Les ouvriers agricoles ont été très
vivement émotionnés par cette concurrence. Venus
dans un pays qu'ils connaissent mal, les étrangers
veulent gagner leur vie et consentent à travailler à
des prix moindres que les Français. Les patrons
trouvèrent en eux, au moment des grèves, des
auxiliaires précieux pour la résistance aux revendications des ouvriers locaux. Aussi pendant longtemps, grande fut l'hostilité entre étrangers et Français. Certains syndicats du Midi avaient pris soin
d'insérer, dans leurs statuts, la lutte contre eux
(syndicat de Sérignan). Les premières grèves se firent

sans leur concours. Mais on comprit bien vite le danger. Il fallait à tout prix les incorporer dans les associations, si l'on ne voulait pas voir les efforts grévistes paralysés par leur attitude. Le secrétaire de la Fédération Horticole, Bled, écrit à la date du 1er mai 1905 (1), que les ouvriers étrangers travaillent à meilleur marché que les Français simplement parce qu'ils sont poussés par les nécessités de l'existence. « Il ne faut pas les combattre, dit-il, mais au contraire les amener au syndicat. Là est le remède ; dans ce milieu ils apprendront vite que leur tyran n'est pas l'ouvrier qui peine avec eux, mais bien leur patron. » Ce changement d'attitude a donné des résultats. Les Belges ont pris part à la grève de Mormant au mois de juin 1907 et, depuis cette date, à la suite d'un appel en langue flamande, lancé par le comité fédéral de la Fédération des paysans du Nord, les ouvriers belges ont adhéré aux syndicats dans la proportion de 30 o/o (2). Le conflit parait aujourd'ui terminé dans le Nord.

Dans le Midi une difficulté d'entente exista longtemps par suite du manque d'interprète. Les Espagnols assistaient aux réunions, mais connaissant très imparfaitement la langue française, ils ne com-

_________

1. *L'Ouvrier horticole*, n° 1, 1er mai 1905.

2. Le syndicat de la Brie compte 200 Belges au nombre de ses adhérents.

prenaient rien à la lutte engagée contre le patronat. Peu à peu, ils se rendirent compte de la situation et on les vit prendre part à la grève de Sérignan (14-22 décembre 1903), à celle de Coursan (12-21 janvier 1904) où ils demandèrent, pour eux-mêmes, l'abolition du travail à la tâche et où ils furent les plus ardents à faire respecter la consigne de la grève. A Elne (24-30 mars 1904) leur attitude fut encore plus digne, ils acceptèrent les revendications françaises qui n'admettaient l'emploi des ouvriers étrangers qu'après ceux de la commune et qui exigeaient que les *moussègnes* (chefs d'équipes) soient toujours français. Cette question des étrangers fut définitivement solutionnée par le congrès de Perpignan en 1905. Sur une proposition de la section des Bouches-du-Rhône, une discussion s'engagea sur ce point. Un orateur prétendit qu'il fallait former un syndicat départemental d'étrangers dont on se chargerait de faire l'éducation syndicale (1). Mais ce projet parut bien dangereux. Un syndicat de terrassiers espagnols à Auch avait montré le danger du système. Il était à craindre en effet que le syndicat étranger n'accaparât les travaux à forfait au détriment des nationaux. Le congrès décida de les incorporer aux syndicats locaux. Mais bien peu ont adhéré.

---

1. V. brochure du III<sup>e</sup> congrès. Rapport sur la main-d'œuvre étrangère, p. 57 et 59.

Ces ouvriers étrangers sont sans résidence fixe, vont de commune en commune. Ils s'astreindront difficilement à faire partie de tel ou tel syndicat. Ils n'augmenteraient d'ailleurs pas par leur nombre la vitalité des associations. L'essentiel était qu'ils ne deviennent pas une arme d'opposition entre les mains des patrons. Ce danger paraît aujourd'hui conjuré.

## SECTION II

### *But du syndicat*

Tous les statuts des syndicats prennent le soin d'en déterminer le but. Ils le font sous des formes multiples et dissemblables, mais il n'y a guère de différence que dans cette forme elle-même et l'on peut dire que, dans toutes les corporations, le syndicat ouvrier s'est proposé un triple but :

1" Améliorer les salaires ouvriers en intervenant dans la réglementation du travail, en établissant ou en cherchant à établir le contrat collectif ;

2° Soutenir les ouvriers syndiqués dans la défense de leurs intérêts ou dans leurs conflits avec les patrons ;

3° Développer l'éducation syndicale par la création de bibliothèques ou l'organisation de conférences, augmenter le bien-être matériel des syndiqués par la création d'œuvres d'assistance telles que caisses de secours, coopératives.

Nous allons étudier successivement ces trois points.

*Réglementation du travail*

Comment les syndicats interviennent-ils dans les conditions du travail ?

Les syndicats de bûcherons ont depuis longtemps une influence prépondérante sur ce point. Chaque année, deux ou trois mois avant la mise en adjudication des coupes de bois, des délégués ouvriers visitent les coupes pour établir les prix de façon. Les estimations sont ensuite approuvées par le syndicat et imprimées sous forme d'affiche. Des exemplaires sont adressés à tous les marchands de bois du pays, aux propriétaires des coupes, aux journaux locaux ; plusieurs sont affichés dans les communes. Les intéressés sont ainsi renseignés et peuvent acheter en conséquence. Après l'adjudication, si le marchand de bois accepte le prix du syndicat, on passe un contrat de travail et le syndicat est responsable de l'exploitation. Ce contrat est fait par acte sous seing privé en deux exemplaires ; en général le syndicat n'exige que le *bon et approuvé* de l'exploitant au bas de la feuille contenant les conditions.

Autrefois les patrons considéraient la signature de la convention comme une formalité infamante pour eux, et les engagements écrits, de même que les tarifs, disparurent de 1894 à 1899. Aujourd'hui le contrat collectif existe dans toute sa pureté chez les bûcherons. Le syndicat s'engage à exécuter la coupe à tel prix et dans un temps donné. Au jour fixé pour l'embauchage par le syndicat, tous ceux qui veulent coopérer au travail se rendent à la coupe. Quelques jours à l'avance, des délégués ont eu soin de jalonner des divisions de 15 à 20 mètres de largeur, séparées par des tranchées sur toute la longueur du bois à exploiter. Ces parties sont numérotées et on procède au tirage au sort. Quand le travail est terminé, le marchand de bois le visite avec le secrétaire du syndicat et paye. Il donne parfois des acomptes tous les huit jours (1). Le contrat collectif entre de plus en plus dans les mœurs, et il donne au syndicat une vitalité et une puissance considérables (2).

Le contrat collectif est d'un usage beaucoup moins

---

1. Mauger. La Fédération nationale des bûcherons. (*Le mouvement socialiste*, 1904.)

2. Modèle de contrat collectif publié par le *Bûcheron*, le 20 mai 1906 :

Fédération Nationale des syndicats de bûcherons de France et des Colonies

Commune de... Département du...

*Arrangement amiable*

Entre les soussignés,

M. D..., président et V..., secrétaire, agissant au nom de la

fréquent dans les autres corporations rurales. Encore

---

Chambre syndicale des bûcherons de... département.

Et M. B..., marchand de bois à... département..., agissant en son nom. Il a été reconnu ce qui suit : M. B... s'engage à suivre les conditions suivantes relatives à l'exploitation de la coupe de... située commune de... appartenant à M...

Les cordes à charbon auront les dimensions suivantes : longueur 5 m. 33, hauteur o m. 75, largeur 8 m. 62 et 8 m. 66 et seront payées 3 francs.

Pour les bois de chauffage les dimensions seront les mêmes, mais le prix sera de 4 francs la corde et les souches 5 francs.

La moulée de bois blanc, bûches de 1 mètre à 1 m. 14 sera payée 5 fr. 75 et celle de bois gris et bois écorcés 6 francs ; bûches de 1 m. 14 à 1 m. 33 de longueur, prix 7 francs.

La cimée sera payée 4 francs la corde et le bois de charbon 3 francs. Les fagots à un lien, de o m. 80 à 1 mètre de circonférence, seront payés 3 francs le 100 ; l'écorce sera payée o fr. 80 la botte de 1 m. 25 de long sur 1 m. 25 de circonférence et liée à la main. L'écorce de balivette sera aux mêmes prix et conditions que l'écorce de taillis et l'abattage sera payé o fr. 10 par pied. Le liage sera aux frais du marchand de bois à raison de o fr. o5 la botte avec liens fournis sur place. Il sera fait par des ouvriers choisis par la Chambre syndicale.

Pour le bois écorcé ou pelard (charbon), les prix seront les mêmes que pour les bois d'hiver, excepté dans le cas où le marchand de bois voudrait faire trier des piquettes. Le bois subira une augmentation de o fr. 25 par corde et les piquettes seront payées 5 francs le cent. L'écorce devra être laissée convenablement au bois d'hiver et ne devra être laissée inférieure à 6 centimètres de diamètre, à 1 mètre de hauteur. L'écorce ne sera enlevée de la coupe qu'après avoir été comptée et payée. Dans le cas où une corde serait jugée inférieure, la Chambre syndicale désignera les ouvriers chargés du levage qui seront payés moitié

faut-il noter une différence caractéristique : c'est qu'il

------

par le patron, moitié par l'ouvrier à qui appartiendra le travail et au prix de o fr. 4o la corde à charbon et o fr. 6o la corde de moulée, mais la hauteur aura baissé de o m. o3. Il y aura facilité de faire de un huitième de corde en n'importe quel bois et chaque fois qu'il sera nécessaire.

Les bois morts, les chèvres et les résidus appartiendront aux ouvriers, ainsi qu'un fagot ordinaire et un pieu de 2 mètres environ et de o m. o6 de diamètre. Le tout pourra être laissé dans la coupe qui sera accessible aux voitures qui iront chercher le bois mort et en général tout ce qui appartiendra aux ouvriers.

Tout ouvrier, qui sera pris à emporter du bois hors de dimension, sera seul responsable de l'acte qu'il aura commis.

Tout ouvrier travaillant dans la coupe aura droit au bois nécessaire de l'outillage, tel que manche de cognée, monture de scie, etc.

La Chambre syndicale exige des acomptes au moins une fois par semaine qui seront faits dans la coupe par le marchand de bois ou son représentant. Néanmoins, elle se réserve le droit de les faire quand elle le jugera nécessaire.

M. B... s'engage à ne laisser travailler dans la coupe aucun ouvrier qui ne serait pas autorisé par la Chambre syndicale. Le paiement ne pourra dépasser, en aucun cas, huit jours après la terminaison de chaque espèce de travail.

La coupe sera exploitée à l'usage du pays.

Vu et approuvé :

*Le Marchand de bois*

Pour la Chambre syndicale,

*Le Président,*          *Le Secrétaire*

Ce modèle de contrat fut adopté le 1er juillet 1906 à une réunion générale des syndicats tenue à la Bourse du Travail de la Guerche.

n'a généralement pu intervenir qu'à la suite de grèves. (Contrats du Midi en 1904.) (1). Contrats des jardiniers des cimetières et des fleuristes parisiens en 1906, contrats des résiniers en 1906 et 1907. Contrat de Chenoise, 4 octobre 1906.)

Le procédé d'élaboration reste le même. Au cours d'une réunion syndicale, on nomme une commission qui établit un tarif et qui s'abouche avec le syndicat patronal. En Seine-et-Marne, après l'adoption du tarif par les ouvriers, lorsque le syndicat patronal accepte la conciliation, on nomme une commission mixte pour discuter les revendications. Cette commission a pleins pouvoirs et est généralement composée de sept ouvriers et de sept patrons. En cas de désaccord, les sept ouvriers de la commission mixte

------

1. Citons celui d'Arles, 24 mai 1904.

Article premier. — Le salaire des hommes à la journée sera payé à raison de 0 fr. 50 l'heure de travail effectif pour ceux qui se nourriront et à 0 fr. 33 l'heure de travail effectif pour ceux qui seront nourris à la ferme. La durée de la journée est fixée en hiver à six ou sept heures de travail et en été à huit ou neuf heures.

Art. 2. — Pendant la période des vendanges, la journée sera payée à raison de 3 francs aux hommes qui seront nourris ou de 4 fr. 25 et 2 litres de vin à ceux qui se nourriront. Les heures supplémentaires sont supprimées.

Art. 3. — Les ouvriers employés au greffage et à la taille des arbres fruitiers, les terrassiers et les faucheurs seront payés 1 franc de plus par jour que la journée ordinaire.

constituent le comité de grève. Ces commissions ont pu éviter des conflits à Saint-Hilliers (arrondissement de Provins) où une convention fut signée le 14 octobre 1906 et à Rozoy-en-Brie le 15 juin 1907.

Les métayers ne connaissent pas le contrat col-

---

Art. 4. — Le travail dans l'eau sera payé 1 franc de plus par jour que les journées sus-énoncées.

Art. 5. — Le travail à forfait est supprimé, même le déchaussage et le binage des vignes, il est maintenu pour les travaux neufs, l'exploitation des marais, le fauchage des près et des moissons, le battage des grains, le pressage des fourrages.

Art. 6. — Aucun de ces travaux à forfait ne sera remis à des intermédiaires.

Art. 7. — Les ouvriers au mois gagneront 4 francs minimum pendant la première période ; 5o francs pendant la deuxième et la quatrième périodes et 6o francs pendant la troisième.

Art. 8. — Les hommes à l'année toucheront en janvier et février 7 o/o, mars et avril 8 o/o, mai 9 o/o, juin et juillet 10 o/o, août 9 o/o, septembre 10 o/o, octobre et novembre 8 o/o, décembre 6 o/o de leur salaire. Le travail du dimanche lorsqu'il y aura urgence sera payé comme aux ouvriers qui se nourrissent. Les hommes de garde gagneront 1 franc de plus que leur journée. Les hommes travaillant à l'écurie ne devront faire aucun travail pendant les heures consacrées au repos, sauf bien entendu le soin à donner aux animaux. Le curage des écuries ne pourra être effectué qu'en dehors des heures de repos.

Art. 9. — Le minimum du salaire du premier charretier ne pourra être inférieur à 700 francs et le maximum supérieur à 900 francs. Le minimum du salaire des autres

lectif. Leurs conditions sont réglées par des baux dont la teneur est fort ancienne. Cependant, au début de l'année 1907, il a été question de nommer une commission mixte de métayers et de proprié-

---

charretiers ne pourra être inférieur à 600 francs et le maximum supérieur à 700 francs.

Art. 10. — Les femmes qui seront nourries gagneront : en novembre, décembre et janvier, 1 fr. 25, en février, mars et avril 1 fr. 50, en mai, juin et juillet 1 fr. 75, en août, septembre et octobre 1 fr. 50.

Art. 11. — Les femmes qui ne seront pas nourries gagneront 2 francs pendant la première période, 2 fr. 25 pendant la seconde et la quatrième, 2 fr. 50 pendant la troisième période. A l'époque des vendanges, les coupeuses nourries gagneront 1 fr. 80 et 2 fr. 50 sans nourriture avec 1 litre de vin. Leur journée comme celle des hommes commencera au soleil levant et finira au soleil couchant avec un repos d'une heure pour le déjeuner et d'une heure et demie pour le dîner.

Art. 12. — Les ouvriers employés au sulfatage, au soufrage, à l'épandage des engrais gagneront 0 fr. 25 de plus par jour pour usure des effets.

Art. 13. — Les hommes qui seront nourris ou simplement logés à la ferme et qui sont au delà de la première station de chemin de fer auront droit toutes les deux semaines au temps nécessaire pour se rendre de la ferme à la ville et *vice-versa*. Ils recevront, en outre, une indemnité équivalente au prix de la moitié du billet. Il reste entendu qu'ils devront toujours prendre le dernier train du départ pour la ville et, à la rentrée, le premier train du matin, sans toutefois que le départ du train du matin n'ait lieu avant le lever du soleil.

Art. 14. — Ceux qui seront plus rapprochés auront toutes

taires, qui serait chargée d'établir le contrat de métayage sur des bases nouvelles, plus avantageuses pour les métayers. Mais cette tentative n'a pas encore abouti. Dans leur congrès du 12 avril 1907, les métayers ont choisi leurs délégués et en ont informé

les semaines le temps nécessaire pour aller et venir, en prenant pour base une heure pour 5 kilomètres.

Art. 15. — Les ouvriers restant à la ferme le dimanche seront nourris et dispensés de tout travail.

Art. 16. — Pour toute journée commencée, l'ouvrier qui se nourrit aura droit à une heure payée pour s'en retourner chez lui.

Art. 17. — Les ouvriers qui seront nourris à la ferme devront avoir une nourriture suffisante et saine, du vin potable à volonté, et au moins deux repas de viande fraîche par semaine sans compter le dimanche.

Art. 18. — Maintien du déjeuner avant le travail pendant les mois de novembre, décembre et janvier pour tous les hommes nourris à la ferme. Le dit déjeuner ne pourra avoir lieu avant 6 heures du matin.

Art. 19. — Du 15 mai au 15 août, le goûter de 4 heures qui avait été supprimé sera rétabli.

Art. 20. — Les ouvriers qui le désireront pourront aller casser la croûte (tuer le ver le matin),

Art. 21. — Les ouvriers qui seront nourris ou simplement logés à la propriété devront avoir pour dortoir une salle propre, aérée et à l'abri de l'humidité : un lit avec une paillasse, un drap propre une fois par mois et les couvertures nécessaires pour se garantir du froid sans que le patron puisse objecter qu'il n'en a plus. Les patrons auront un délai de trois mois pour se conformer à la convention ci-dessus.

Art. 22. — Les charretiers et les mésadiers, pendant toute

M. Milcent, représentant autorisé des propriétaires. Mais le bureau de l'Union des syndicats mixtes n'a pas encore donné sa réponse.

Ainsi, pendant ces cinq dernières années, le con-

---

la durée de l'année, commenceront le travail au lever du soleil et le quitteront : 1° du 15 août au 30 avril, au soleil couchant ; 2° du 1er mai au 15 août ils devront être rentrés à la ferme au soleil couchant.

Art. 23. — Les charretiers et les mésadiers conducteurs de bêtes auront droit aux repos suivants :

| | Déjeuner | dîner | goûter |
|---|---|---|---|
| Du 1er février au 15 mars | 1 h. 1/2 | 1 h. 1/2 | — |
| Du 16 mars au 15 mai.. | 1 h. 1/2 | 2 h. | — |
| Du 16 mai au 15 août.. | 1 h. 1/2 | 2 h. | 1 h. |
| Du 16 août au 15 sept... | 1 h. 1/2 | 2 h. | — |
| Du 16 sept. au 31 octobre | 1 h. 1/2 | 1 h. 1/2 | — |
| Du 1er nov. au 31 janvier | — | 2 h. | — |

Art. 24. — Les mésadiers travaillant à bras seront réglementés pour les heures de travail et de repos de la même manière que les ouvriers travaillant à l'heure.

Art. 25. — Pour les hommes travaillant à bras et à l'heure, deux battues seront coupées chacune par dix minutes de repos.

Art. 26. — Pendant la période des vendanges, les hommes conduisant les bêtes devront partir pour le travail en même temps que le groupe de vendangeurs.

Art. 27. — Les ouvriers conducteurs de locomobiles pour les submersions, arrosages ou autres gagneront 4 francs et nourris ou 5 fr. 50 pour douze heures de présence.

Art. 28. — Il est expressément défendu dans les fermes la vente de boissons de quelque nature que ce soit. Est seulement autorisée la vente du vin au prix du gros et de même qualité aux ouvriers qui se nourrissent.

trat collectif s'est répandu quelque peu dans l'agriculture. Il y est encore bien imprécis et bien imparfait. Les patrons ne l'ont généralement accepté que parce qu'ils y étaient contraints par la grève et, en le signant, ils n'ont pas cru établir un acte sous seing privé avec toutes les conséquences juridiques déterminées par le Code Civil. Ils ont pensé qu'ils n'étaient pas liés pour l'avenir par ces conditions imposées sous l'empire de la force, et ils ont souvent dénoncé les contrats pour revenir aux anciens prix. Il faut bien dire, d'ailleurs que les ouvriers n'ont pas été plus respectueux des conventions signées. En 1906 les résiniers concluaient des contrats un peu partout pour une durée de trois ans. L'année suivante, ils les dénonçaient en exigeant des conditions nouvelles. A Lesperon un contrat était signé le 28 janvier 1906 pour trois ans ; le 3 mars 1906 ils se mettaient en grève en demandant déjà des modifications. Ces procédés ne peuvent qu'affaiblir le caractère juridique du contrat collectif.

---

Art. 29. — Les ouvriers de n'importe quelle catégorie devront être payés à la ferme.

Art. 30. — Les usages locaux qui ne sont pas contraires au présent réglement sont maintenus.

Art. 31. — Aucun ouvrier ne sera renvoyé pour faits de grève.

Art. 32. — Pour tout ce qui est inscrit, le présent règlement aura force de loi.

### *La défense des ouvriers syndiqués*

Avec leur volonté de se substituer de plus en plus aux ouvriers dans la réglementation des conditions du travail, et de remplacer la force individuelle du syndiqué par la puissance collective du groupe, les associations devaient être conduites à s'immiscer dans les affaires judiciaires de leurs adhérents, particulièrement dans les conflits qui naissent à l'occasion du travail. Ce but n'est pas toujours exposé par les statuts, mais il y est contenu implicitement et si les syndicats n'ont pas pris soin de le déterminer d'une manière précise, c'est parce qu'ils ont craint que leurs fonds ne leur permettent pas cette immixtion dans la gérance des intérêts de leurs membres. Ainsi les syndicats de métayers ne se sont pas encore engagés à soutenir les procès de leurs adhérents, mais une proposition en ce sens doit être soumise prochainement au Congrès de la Fédération. Les syndicats de Seine-et-Marne, les syndicats de bûcherons, les syndicats du Midi, les syndicats de jardiniers nomment des délégués pour représenter l'ouvrier en face du patron dans la poursuite des réclamations. Les patrons eux-mêmes, lorsqu'ils traitent avec le syndicat, s'adressent à lui pour signaler les malfaçons. Le syndicat de Chantenay-Saint-

Imbert a dépensé 5.000 francs pour frais de justice (1).

Le syndicat de Rivesaltes (Pyrénées-Orientales) intervint au mois de juin 1906 dans une affaire intéressant deux syndiqués. Il leur fit obtenir 300 francs de dommages-intérêts contre un propriétaire qui, leur ayant promis l'exécution de certains travaux, les avait fait accomplir par d'autres (2). Le syndicat des jardiniers de Paris intervint dans des affaires de justice de paix le 8 janvier 1905, le 20 avril, le 25, le 16 mai (3). Ce syndicat a institué près de lui un conseil judiciaire et donne son assistance dans tous les procès à tout adhérent inscrit depuis trois mois au syndicat.

La Chambre syndicale des bûcherons du canton de Vézelay soutint, en 1906, un procès contre le marquis de Chastelux, et ce procès fit quelque bruit dans la région, car il naquit à propos d'un contrat de travail intervenu pour l'écorçage de 1906 entre cet exploitant forestier et le syndicat. Il était stipulé dans ce contrat que l'écorce faite au poids serait pesée à l'atelier de l'ouvrier et en sa présence. Or, le marquis fit enlever l'écorce de la coupe et la fit peser à la gare en l'absence des ouvriers et des délégués

---

1. Roblin. *Les bûcherons du Cher et de la Nièvre. Leurs syndicats*, p. 276.

2. *Le Paysan*, août 1906.

3. *L'Ouvrier horticole*, juillet 1905.

du syndicat ; puis il refusa de payer à chacun ce qui lui était dû sous prétexte que les bottes ne pesaient pas le poids convenu. Le syndicat intenta un procès à l'exploitant. Le juge de paix condamna le marquis qui fit appel. Le Tribunal de 1re instance donna à nouveau gain de cause au syndicat (1).

On pourrait citer bien d'autres exemples. Si les syndicats n'ont pas fait plus sur ce point, c'est par suite de leur pauvreté.

### *L'assistance aux syndiqués*

Les syndicats ont eu un autre but plus général : fortifier l'esprit syndical par le développement intellectuel et moral et par la création d'œuvres d'assistance matérielle. Ces institutions annexes, encore inexistantes chez les ouvriers du Nord et les résiniers landais, ont pris une assez grande extension chez les vignerons du Midi, les métayers du Bourbonnais et les bûcherons du Centre.

Développons chez nos adhérents l'éducation syndicale, voilà le premier cri lancé par les chefs du mouvement. Non contents de faire des conférences, ils organisent au sein des associations des bibliothèques. Citons à titre d'exemples celles des syndicats de Cuxac-d'Aude, La Redorte, Saint-Nazaire qui en

---

1. *Le Bûcheron*, 20 février 1907.

1906 augmente de 10 centimes ses cotisations annuelles pour la créer. Chez les bûcherons elles sont fréquentes : Parigny, Nolay-Balleray, Chantenay. Dans sa réunion du 22 avril 1906, la Fédération bourbonnaise décide d'ouvrir une souscription permanente, par la voie du bulletin, pour la création de bibliothèques dans tous les syndicats adhérents. Le Ministre de l'Agriculture envoie à Bourbon-L'Archambault 15 ouvrages de technique agricole. Le bureau de ce syndicat, dans sa réunion du 24 juin 1906, vote une somme de 150 francs pour sa bibliothèque. Le conseil municipal de Jaligny, sur la proposition du maire, vote une somme de 100 francs pour participer à la création d'une bibliothèque syndicale. De généreux donateurs envoient des ouvrages (1) et ainsi les syndicats de métayers se placent au premier rang pour la création des bibliothèques. Certaines associations sont encore allées plus loin dans cette voie d'éducation syndicale en créant des cours professionnels gratuits (syndicat des jardiniers de Paris) (2).

Enfin pour grouper dans un même élan de solidarité et de fraternité les syndiqués, certains groupements ont organisé des fêtes annuelles. Un essai de ce genre fut tenté à Fours, dans la Nièvre, le 15 août

---

1. Émile Guillaumin, M. Dupont.

2. Le syndicat a également un jardin ouvrier qui sert de modèle dans les expositions.

1893, par les syndicats de la Croix-Rouge et du Morvan. Ce fut un succès mais on ne le renouvela pas. Dans quelques localités cependant, il y a des réjouissances annuelles. A Rion-les-Landes, au début du mois de mai, la corporation des résiniers organise une fête. Depuis de nombreuses années, le syndicat des jardiniers de Paris célèbre sa fondation. En 1906 cette fête eut lieu le 26 août, dans la grande salle de la Bourse du Travail de Paris (1) ; en 1907 le 28 septembre au même endroit et avec le même programme (2).

Les associations ouvrières ont créé à côté d'elles des œuvres d'assistance de toutes sortes. En dehors des bureaux de placement qu'ont institués quelques syndicats (Méry, Vallenay, Le Perroy, les jardiniers de Paris, syndicats de Seine-et-Marne), certains ont créé des caisses de secours qui leur permettent de venir en aide aux familles nécessiteuses de leurs adhérents. Brécy a une caisse de chômage, Corvol-l'Orgueilleux une caisse de secours mutuels, Chantenay-Saint-Imbert une caisse de secours en cas de maladie. Le syndicat des jardiniers de Lyon avait une caisse de chômage. Mais elles sont en

---

1. Au programme : une conférence syndicale du citoyen Griffuelhes, un concert, distribution des récompenses aux lauréats des cours professionnels du syndicat, un vaudeville : l'*Affaire de la rue Simart*. Voir l'*Ouvrier horticole* 1er août 1906.

2. *Le Travailleur de la Terre*, septembre 1907.

somme assez rares. Les syndicats sont trop pauvres pour les alimenter ; ils se contentent la plupart du temps de venir en aide aux syndiqués dans la mesure de leurs moyens. Le syndicat de Saint-Yrieix donne des secours aux victimes d'accidents, aux grévistes ; les syndicats de Besson, Lusigny, en accordent aussi, mais il est entendu que ce sont de simples prêts.

Le plus grand effort fait par les syndicats en cette matière a été de développer dans la population rurale l'idée de coopération et sur ce point ils ont vraiment réussi. A part les résiniers et les ouvriers du Nord, où le syndicalisme est encore trop récent pour donner la mesure de sa force, partout ailleurs, peut-on dire, la coopération a marché de pair avec le syndicat.

Il existe à Crépy-en-Valois une boulangerie coopérative. Elle n'est pas spéciale aux ouvriers agricoles, mais tous les syndiqués de Crépy y adhèrent.

Les jardiniers ont fondé deux coopératives de production à Boulogne-sur-Seine le 23 novembre 1901, à Fontenay-aux-Roses le 13 février 1903. Elles ont les statuts modèles des coopératives ordinaires, mais elles ne s'embarrassent pas des préjugés statutaires légaux et sont prêtes à seconder l'œuvre syndicale par leurs tendances communistes (1). Le

---

1. Celle de Boulogne-sur-Seine a pour titre *Les Jardiniers de Paris* ; celle de Fontenay-aux-Roses *l'Horticulture ou-*

syndicat de Montreuil a fondé une coopérative de consommation.

Dans l'arrondissement d'Issoudun, il y a tout un petit groupe rural de vignerons propriétaires de vignes, dont la récolte est insuffisante à les faire vivre. Ils vont travailler à la journée et, pour faire hausser leurs salaires, ils ont fondé quelques syndicats. Ils ont créé à Reuilly une coopérative de vente à base socialiste pour l'écoulement de leurs produits.

Les bûcherons ne sont pas restés, en dehors de ce mouvement. Au mois de juin 1906, ils fondaient à la Guerche une coopérative de consommation *La Fraternelle*. Le conseil d'administration, composé de 12 membres choisis en assemblée générale par les syndicats de la région, devait gérer la société sous la surveillance d'une commission d'achats. Seuls les ouvriers et ouvrières syndiqués pouvaient y adhérer. Le capital social était fourni par les sociétaires par parts de 10 francs, payables par versements de 2 fr. Il était permis de souscrire plusieurs actions, mais chaque sociétaire avait droit seulement à une voix dans les assemblées. En aucun cas il n'était tenu compte du nombre d'actions. Quant aux trop-perçus résultant des bénéfices, 60 o/o devaient être affectés à un fonds de réserve, et 40 o/o à des œuvres socia-

---

*vrière.* Une coopérative pour la création de magasins de fleurs naturelles à Paris est en voie de formation à la Bourse du Travail. Elle aurait pour titre *L'Art Floréal.*

les. Aucun intérêt des parts souscrites ne devait être distribué aux sociétaires. Ainsi cette coopérative était franchement socialiste. Elle s'est surtout préoccupée de vendre à ses adhérents du vin acheté aux coopératives du Midi (1).

Une autre coopérative prit naissance à Jussy-le-Chaudrier (Cher) *La Franche Bûcheronne*, dans des circonstances qu'il convient de raconter. Au mois de janvier 1904, les bûcherons de cette commune étaient en grève. Les boulangers eurent la malencontreuse idée d'élever à cette époque le prix du pain. Les grévistes s'indignèrent et l'idée de coopération avait à peine germé dans leur esprit qu'ils la mettaient à exécution. On improvisa une boulangerie coopérative et, grâce à la bonne volonté de quelques ouvriers, elle put bien vite fournir le pain aux grévistes qui obtinrent ainsi la victoire. L'approvisionnement fut très difficile au début, la société manquant d'argent et de crédit. Mais aujourd'hui elle a pris de l'extension.. Grâce au travail gratuit de certains sociétaires, une cave a été aménagée dans le local de la coopérative, et elle peut aujourd'hui vendre le pain et le vin à ses adhérents. Pendant l'année 1905, son chiffre de vente s'est élevé à

---

1. Pendant le mois de juin 1906, elle a vendu 10 hectolitres de vin rouge ; pendant le mois de février 1907, elle en a vendu 34 : son chiffre d'affaires est donc peu important.

8.400 francs, pendant l'année 1906 il a atteint 20.000 (1).

C'est principalement dans le Midi que l'on peut étudier le type des coopératives paysannes à base socialiste. Dans la région de Béziers il y en a un assez grand nombre. Un militant socialiste de cette ville, Elie Cathala, parvint, après une série de conférences, à constituer le 23 décembre 1901 à Maraussan une coopérative de vente de vins qui est aujourd'hui nettement socialiste. Je dis « aujourd'hui » car les idées socialistes n'ont pas été acceptées d'un seul coup par les paysans ; il fallait compter avec leur égoïsme et leur âpreté au gain. Les statuts de la société furent modifiés à plusieurs reprises, et depuis les dernières modifications apportées les 17 et 31 décembre 1905, la coopérative a acquis un caractère nouveau.

Le but de cette coopérative des *Vignerons Libres de Maraussan* est de fournir aux consommateurs les produits du sol, *exclusivement récoltés par eux*. La société n'accepte, dans son sein, que les travailleurs. Il faut, pour être admis, exploiter personnellement et effectivement son sol et ne pas récolter en moyenne plus de 400 hectolitres. La coopérative se propose de perfectionner sa production, par la création de

1. D. Veuillat. « La Coopération ». — *Le Bûcheron*, 20 décembre 1906.

caves coopératives avec outillage nécessaire pour la vinification et par l'acquisition de vignobles collectifs. Elle a en outre un but social : réaliser de constantes économies au bénéfice de ses membres ou des individualités acheteuses, et dans l'intérêt de toute œuvre utile à l'émancipation des travailleurs. On peut dire qu'elle a pleinement réalisé cette œuvre tout entière. Depuis le mois de septembre 1906, elle possède une immense cave qui peut contenir 15.000 hectolitres dans des cuves en ciment de 430 hectolitres ou dans des foudres de 2 à 300 hectolitres. La construction comporte diverses annexes, écurie, hangars, logement du maître de chai, laboratoire, bureaux. Cette cave qui est un modèle a coûté y compris l'achat du terrain et l'outillage 200.000 francs. Comment des paysans ont-ils pu réunir un aussi gros capital ? Les *Vignerons Libres* ont emprunté 155.500 francs à la Caisse Régionale de Crédit, les coopératives de consommation, leurs clientes, ont avancé sans intérêt 30.671 fr. 30, le Ministre de l'Agriculture a donné à titre de subvention 30.000 francs.

Le caractère socialiste se manifeste nettement tout au long des statuts. « Les coopératives de consommation, clientes de la société, ont, *en toute circonstance et à tout moment*, le droit de contrôle sur son organisation intérieure et la sincérité de ses opérations. Elles participent aux gains réalisés et peuvent être co-associées. »

Art. 9 à 16. — « Le capital est divisé en actions de 25 francs, est variable avec le nombre des adhérents (au 31 octobre 1906, 311 actions). Tout membre ne peut être propriétaire que d'une action indivisible, seules les associations clientes peuvent avoir cinq parts au maximum. »

Art. 55. — « Sur les trop-perçus bruts, le conseil d'administration prélève chaque année une somme variable destinée à fournir des secours discrets à des coopérateurs malheureux. Certaines sommes sont versées à une caisse locale de solidarité, dont les fonds sont employés *sans qu'il puisse en être demandé justification*. Enfin, sur ces trop-perçus bruts, deux prélèvements de 20 o/o chacun sont faits pour alimenter la caisse de développement de l'œuvre et le fonds de réserve. Quant aux trop-perçus nets, 25 o/o sont donnés aux sociétés acheteuses au prorata de leurs achats ; 20 o/o à des œuvres de propagande prolétarienne ; 5 o/o à la Bourse Nationale des Coopératives ; 25 o/o à la Caisse de développement pour la construction des caves communes et la constitution d'un vignoble coopératif (1) ; 25 o/o aux sociétaires, *répartis également et uniformément entre toutes les parts sociales.* » Ainsi, les ouvriers

---

1. Celle-ci touche ainsi deux fois.

agricoles non propriétaires touchent comme les autres. Ce qui est plus surprenant encore, c'est que le montant des quotes-parts des associés est mis à la disposition de la caisse de l'association à laquelle il appartiendra jusqu'à l'expiration de la société. Ainsi en aucun moment ni sous aucun prétexte, l'associé ne pourra prétendre soit à la liquidation, soit au règlement partiel de son compte. Seuls des cas de force majeure lui en permettront le remboursement anticipé (le décès, le changement définitif de résidence, la liquidation judiciaire, l'expropriation et la faillite).

Enfin, le caractère socialiste éclate dans toute sa pureté dans l'article 60 qui règle la dissolution de la société.

Art. 60. — « En cas de dissolution anticipée de la société, aucun associé ne pourra prétendre au partage soit de la caisse de solidarité, soit du fonds de réserve, soit de la caisse de développement. L'ensemble de ces organismes coopératifs, immeubles, terrains, matériel d'exploitation, marchandises, capitaux disponibles, deviendra la propriété de la commune de Maraussan, mais pour son usufruit seulement. Cet usufruit servira à la fondation d'œuvres locales et laïques de solidarité, jusqu'au jour où une nouvelle association coopérative, inspirée du même esprit général et acceptant tous les articles fondamentaux des présents statuts, viendra à se constituer. Dans ce cas, la commune de Maraussan devra remettre intégralement à la nouvelle société ces valeurs immobilières, capitaux de toute nature, dont il lui avait été uniquement concédé l'usufruit. Les articles fondamentaux sont ceux qui déterminent le but et l'organisation de la société et *ceux qui définissent l'idéal économique philosophique et social poursuivi par elle*. Ces articles sont perfectibles, mais sous quelque prétexte que ce soit, jamais ils ne pourront être ni dénaturés, ni amoindris dans un but égoïste, individualiste ou rétrograde. » Cette coopérative est le type modèle des coopératives paysannes du Midi. Elle fait un chiffre d'affaires très important. Ses seuls clients sont d'ailleurs les coopératives de consommation. Un entrepôt est organisé à Charenton pour assurer la livraison aux coopératives parisiennes. A la tête de cet entrepôt, il y a un agent commercial général, Elie Cathala, qui a touché sur l'exercice 1906, 24.610 francs (1).

Les autres coopératives du Midi ont des statuts identiques, c'est-à-dire très nettement socialistes. A Maraussan, s'est encore fondée au mois de juillet 1903 une coopérative de consommation l'*Union Maraussanaise* qui a obtenu l'adhésion de la grande majorité des ménages ouvriers et paysans. On compte

---

1. Augé-Laribé. « Les coopératives paysannes et socialistes de Maraussan. » (*Musée social. Documents*, mars 1907.)

3͟9 sociétaires sur 5oo familles. Son capital est de 9.4͟5 francs. Elle possède un immeuble de 12.000 fr. Elle vend surtout l'épicerie, la mercerie, et fait un chiffre d'affaires de 100.000 francs par an. Les trop-perçus sont répartis de la même façon que chez *Les Vignerons libres.*

Une coopérative de production s'est fondée à Maraussan le 27 août 1905, l'*Emancipatrice pay-sanne.* Le syndicat des ouvriers agricoles profitant d'un encaisse de 2.000 francs a acheté une vigne d'un hectare pour la somme de 6.5oo francs. Cette vigne est insuffisante pour nourrir les 157 membres de l'*Emancipatrice,* mais il y a là un domaine col-lectif qui permet à ses membres de réaliser leur idéal communiste. Les bénéfices sont répartis : 5o o/o à la Caisse de développement de l'œuvre, 25 o/o au fonds de réserve 25 o/o aux sociétaires, mais qui restent à la disposition de lasociété.

Dans ce pays de Maraussan, tous les genres de coopératives se sont créés. Le 24 mars 1906, *La Ruche prolétarienne,* société pour la construction d'habitations ouvrières, se fondait avec une cen-taine de membres. Elle se propose d'édifier des mai-sons pourvues de jardin, chaque famille ayant son habitation particulière. Deux maisons ont été déjà construites par cette société.

Dans cette région méridionale, d'autres coopéra-tives se sont constituées sur le même type. Le

26 août 1903, s'est fondée l'*Avenir social* de Maureilhan et Ramejean qui groupe aujourd'hui 73 membres et 28 organisations ouvrières ; elle vend 4.000 Hl. de vin par an. Organisée çomme la coopérative de Maraussan, l'union avec les coopératives clientes y est plus étroite. Le conseil d'administration se compose de 6 membres dont 3 élus par les vignerons et 3 par les sociétés clientes qui nomment en outre une commission de contrôle de 3 membres.

Il faut encore citer *Les petits Vignerons de Puisserguier*, 1er novembre 1904 (87 adhérents) ; *L'Egalitaire*, de Cébazan, 30 juin 1905 (76 adhérents) ; *Les Vignerons paysans de Bessan*, 21 janvier 1906 (100 adhérents). Cette dernière association n'est pas encore sortie de la période des difficultés. Ayant emprunté 12.000 francs à la Caisse régionale de crédit, elle n'a pu livrer à la consommation que 950 hectolitres de vin et doit encore à la Régionale 8.000 francs (1). Il ne faudrait pas croire, d'ailleurs, que ces coopératives soient destinées à un large avenir. La coopérative de Maraussan a réussi parce qu'elle a eu pour clientes de nombreuses sociétés

---

1. A la suite de la grève de 1904, il s'est fondé à Arles une coopérative de production pour les travaux agricoles et de terrassement l'*Emancipation paysanne*, Elle fonctionne régulièrement sur les mêmes bases que les autres. Actions de 25 fr. trop-perçus affectés aux caisses de réserve et de solidarité ou aux œuvres de propagande.

ayant les mêmes idées sociales ; mais il y a là un débouché facile à épuiser, et comme il est à croire que les coopératives de consommation ne sont pas destinées à se multiplier rapidement, les coopératives paysannes, ne pouvant pas espérer d'autres débouchés, ne pourront guère faire leurs affaires.

Plus qu'ailleurs, l'esprit de solidarité s'est manifesté chez les colons et les métayers. L'union des syndicats de colons de la Loire-Inférieure a fondé une coopérative pour la vente des vins. Elle a, elle aussi, des tendances socialistes.

Chez les métayers du Bourbonnais, dès sa fondation, le syndicat de Bourbon-l'Archambault crée un magasin coopératif. Il centralise les commandes des syndiqués et achète en bloc les engrais afin d'obtenir des rabais. Ce magasin vend chaque année pour 3o.ooo francs de marchandises (vins et engrais principalement). Il est dans une situation prospère. Au mois de juin 1907, le syndicat a fait l'acquisition d'un terrain d'une superficie de 900 mètres carrés. On y a construit un bâtiment syndical qui sert aujourd'hui d'entrepôt. Les métayers ont développé l'esprit d'association sous toutes ses formes. Eclairés par les conférences de M. Dupont, actif professeur départemental de Moulins, ils ont compris tous les bienfaits que le paysan peut attendre de la mutualité. Besson, Gennetines organisent des mutuelles avec retraites pour la vieillesse ; à Bourbon, Saint-Plaisir, Lurcy-

Lévy, Besson, il y a des caisses de crédit local qui rendent à l'agriculture des services incontestables. Les métayers veulent aussi s'associer pour lutter contre la mortalité du bétail. La Fédération étudie, à l'heure actuelle, un projet qui permettrait à tous les syndicats adhérents de pratiquer entre eux la réassurance.

Ces œuvres d'assistance qu'ont créé les métayers n'ont pas revêtues, comme les coopératives des vignerons ou des bûcherons, un caractère socialiste. Il y a là une différence fondamentale qui les distingue très nettement des autres syndiqués de la terre.

# CHAPITRE  II

## La  Fédération



### Section I

### *L Aaministration Fédérale*

Les syndicats ouvriers  de  l'agriculture se sont
efforcés  de développer leur puissance, mais  elle est
restée très faible et elle le serait encore davantage si
les associations  avaient vécu  isolées les  unes des
autres. Elles ont compris très vite que, dans la soli-
tude des campagnes, un syndicat serait condamné à
disparaître rapidement, s'il ne pouvait s'appuyer sur
un autre  organisme supérieur, sur une sorte de bureau central  de  l'association. Aujourd'hui, tous les
syndicats d'une même corporation  sont placés sous
l'égide d'une Fédération nationale qui va parfois jusqu'à prendre le titre pompeux de Fédération Nationale de France et des Colonies (1).

---

1. Fédération  des Bûcherons. Fédération Horticole. En réa-

L'action de la Fédération n'est pas seulement plus étendue, puisqu'elle groupe tous les éléments d'une même corporation (1), elle est aussi plus puissante puisqu'elle a une meilleure direction, des ressources financières plus élevées et des relations plus intimes avec l'organisation supérieure du travail.

Rares sont les ouvriers qui ont pu trouver quelques ressources et quelques loisirs pour cultiver leur esprit et s'élever ainsi au-dessus de la masse ignorante. Quelques-uns cependant, favorisés par des dons naturels, ont pu acquérir une certaine instruction qui leur a permis de prendre en mains les guides de la Fédération et de diriger avec utilité cet organe essentiel à la vie des syndicats. La Fédération des Bûcherons a eu de tous temps pour conduire ses destinées des ouvriers de beaucoup de valeur : Denis Veuillat, Bornet et bien d'autres. La Fédération Horticole est dirigée par Bled, un des militants de la Confédération Générale du Travail. La Fédération des

lité, aucun syndicat des colonies ne fait partie de ces Fédérations.

1. Il y a aujourd'hui huit Fédérations paysannes : la Fédération Nationale des Bûcherons, la Fédération Horticole, la Fédération Régionale des Travailleurs Agricoles du Midi, la Fédération des paysans du Nord, la Fédération des Résiniers Landais, la Fédération des Métayers du Bourbonnais, l'Union des syndicats de Colons de la Loire-Inférieure, le Bureau Central des syndicats des Feuillardiers.

Métayers doit sa fondation à Bernard et sa prospérité à l'illustre romancier Emile Guillaumin. Les résiniers en sont redevables à Ducamin et à Sourbé, les paysans du Nord à Laurent, les bûcherons de l'Yonne à Jobert et à Isidore Bonin, les colons de la Loire-Inférieure à Brunellière, les vignerons du Midi à Paul Ader, Milhaud, Siffroy Simon, Escudier, Niel, etc. Partout il s'est trouvé des volontés intelligentes pour diriger cet effort à demi-conscient de la population rurale.

Les statuts de ces Fédérations sont à peu près tous identiques. Partout l'administration est confiée à un comité. Sauf dans la Fédération bûcheronne, où il est formé de 7 membres élus seulement par les syndicats les plus voisins du siège social (art. 8 des statuts), ce comité fédéral est composé des délégués de tous les syndicats adhérents. Dans la Fédération horticole et la Fédération landaise, chaque association a droit à un délégué (1). Les syndicats de métayers ont droit à deux délégués ; les syndicats de feuillardiers envoient chacun quatre délégués au syndicat central. La Fédération du Midi diffère quelque peu dans son organisation par suite de sa division en sections départementales. Le comité fédéral y est formé des délégués des sections (2 par section, art. 3).

---

1. Cependant chez les résiniers, lorsqu'un syndicat à plus de 150 membres il a droit à deux délégués (art. 14).

Ce comité est l'organe directeur de la Fédération.
Il nomme dans son sein un comité exécutif ou
bureau, composé d'un secrétaire général, d'un secré-
taire-adjoint et d'un trésorier. Dans aucune Fédération il n'existe de président. Ces divers administra-
teurs ont des fonctions déterminées par les statuts.
Le comité fédéral se réunit périodiquement, à des
époques variables suivant les Fédérations, et contrôle les actes de son bureau. Il établit des comptes-
rendus moraux et financiers de ses travaux.

Le secrétaire général est l'homme le plus actif de
la Fédération. C'est lui qui s'occupe de la propagande et de la correspondance. C'est en général un
militant convaincu, qui consacre une partie de son
temps à gérer les intérêts collectifs. Les paysans ont
compris que faire appel à son dévouement dans une
aussi large mesure méritait une récompense qui
puisse l'aider à vivre. La plupart des statuts ont pris
soin de déclarer que le secrétaire général et parfois
même le trésorier seraient rétribués si les fonds de
la Fédération le permettaient. Le secrétaire de la
Fédération Bûcheronne a touché 800 francs en 1893,
puis 300 francs en 1894, par suite de la baisse des
fonds. Avec la nouvelle période de développement
des syndicats, son traitement s'est relevé : une décision du Congrès d'Auxerre le 4 septembre 1904 l'a
porté à 600 francs par an ; le Congrès de Dun-sur-
Auron à 960 francs. Le trésorier reçoit une indem-

nité de 120 francs par an. A l'unanimité le 14 octobre 1906, la Fédération Bourbonnaise votait une indemnité de 80 francs à son secrétaire général et une indemnité de 50 francs au rédacteur de son journal. Le 12 avril 1907, sa prospérité lui permettait de porter l'indemnité du secrétaire à 300 francs par an. Il reçoit également une indemnité de déplacement de 3 francs chaque fois qu'il se rend dans une commune pour la propagande. Les jardiniers et les paysans du Nord rétribuent également leurs secrétaires. Ces indemnités sont minimes, elles permettent cependant aux Fédérations d'avoir un secrétaire dévoué qui tient une permanence ouverte chaque jour où les ouvriers viennent se renseigner sur les places vacantes et sur le mouvement syndical. La Fédération du Midi a tenté, elle aussi, d'entrer dans cette voie ; une proposition en ce sens a été discutée au Congrès d'Arles le 13 août 1906, mais elle fut rejetée par 35 voix contre 13. La question fut reprise au dernier congrès (Béziers, 2-3 novembre 1907), et, malgré les difficultés financières de la Fédération, on décida de créer un secrétariat permanent avec une allocation de 600 francs par an pour le titulaire. C'était la moitié du budget des recettes de la Fédération.

Le budget est alimenté par un versement prélevé sur les cotisations des syndiqués. La Fédération Horticole perçoit une mensualité de 0 fr. 10 par membre adhérent, plus un droit d'admission de 5 francs ; la Fédération Landaise perçoit o fr. 5o par an et par membre ; la Fédération Bourbonnaise o fr. o5 par membre et par mois, plus un versement de 3 francs par an par syndicat ; la Fédération du midi o fr. o1 par membre et par mois ; la Fédération des Bûcherons o fr. o5. Ces ressources sont bien minimes et les Fédérations ne sont pas parvenues à constituer des encaisses importants. Au 31 décembre 1905, la Fédération Bûcheronne établissait ainsi son budget pour le quatrième trimestre :

*Recettes*

| | | |
|---|---:|---:|
| Cotisations. | 764 fr. | 5o |
| Souscriptions | 95 | » |
| Avoir en caisse | 1.83o | 3o |
| Total de l'avoir | 2.689 fr. | 8o |

*Dépenses*

| | | |
|---|---:|---:|
| Allocations | 165 francs | |
| Frais de correspondance | 68 | 15 |
| Indemnités pour les grèves | 10 | » |
| Frais divers | 618 | 65 |
| Total des dépenses | 861 fr. | 8o |
| Intérêts de la somme déposée à la caisse d'Epargne | 76 fr. | 8o |
| En caisse | 1.904 | 8o |
| Au 1er avril 1906 l'encaisse est | 2.011 | 5o |

Au 1er juillet...........................  2.020   15
Au 1er octobre .........................  1.771   20
Au 1er janvier 1907 ....................  2.324   45
Au 1er avril 1907.......................  2.780   55
Au 1er juillet 1907 ....................  3.402   50
Au 1er octobre 1907 ....................  3.804   85
Au 31 décembre 1907 ....................  4.011 fr. 35

Sur cette somme il faut déduire le déficit du journal depuis le 1er février 1906 jusqu'au 30 septembre 1907 soit 1246,35 ce qui ramène l'encaisse à 2.764 fr. 05.

Les finances de la Fédération Horticole sont loin d'atteindre ces chiffres :

### Au 30 novembre 1905

Recettes (du 1er septembre au 30 novembre......................................  349 fr. 75
Dépenses..................................  250
Encaisse..................................  178 fr. 15

### Au 31 mars 1906

Recettes (du 30 novembre au 31 mars 1906)...............................  296 fr. 45
Dépenses..................................  454   60
Encaisse..................................  20 francs

### Au 30 juin 1906

Recettes .................................  157 fr. 60
Dépenses..................................  144   15
Encaisse..................................  33 fr. 45

au 31 mai 1907, l'encaisse est de 149 fr. 70, au 30 septembre 1907 de 223 fr. 50.

Ainsi la situation financière de la Fédération Horticole est loin d'être prospère. Il faut d'ailleurs considérer qu'elle a épuisé ses ressources au cours de grèves ruineuses (grève de Paris, mars 1906).

La Fédération Bourbonnaise avait au 14 octobre 1906 un avoir de 250 fr. 90 ; ses recettes s'élevaient à 328 francs, ses dépenses à 77 fr. 10. Les cotisations du premier trimestre 1907 ont donné 828 fr. 55 ce qui portait l'encaisse à 460 francs ; au 15 novembre 1907 il était encore de 381 fr. 40.

Les ressources de la Fédération du Midi sont très faibles relativement au nombre de ses adhérents, c'est qu'en effet elle ne perçoit sur les cotisations qu'une quote-part très minime.

Le 29 octobre 1905 le comité fédéral établissait ainsi le bilan :

| | |
|---|---|
| Recettes............ | 676 fr. 10 |
| Dépenses.......... | 555 » 85 |
| Encaisse............ | 120 » 25 |

Le 17 décembre :

| | |
|---|---|
| Recettes........... | 897 |
| Dépenses.......... | 386 |
| Encaisse............ | 511 |

sur lesquels on envoie 350 francs aux grévistes de

Fleury. L'actif tombe à 46 fr. 70 au 31 décembre. Après cette date il diminue encore ; mais après le congrès de Béziers du 2 novembre 1907, la Fédération est entrée dans une prospérité relative par suite de la suppression des sections et de l'acquisition de leurs deniers (1). Le 4 novembre 1907 son encaisse atteignait 660 fr. 70 ; le 31 décembre 1.079 francs.

Ces ressources sont trop insuffisantes pour permettre aux organisations de tenter des efforts puissants, cependant elles constituent un pécule capable d'assurer la propagande et la résistance en cas de grève.

Les Fédérations sont en relations directes avec l'organisation supérieure du travail. Elles correspondent avec les Bourses du Travail qui leur viennent en aide dans la propagande. Elles adhèrent à la Confédération Générale du Travail. Cependant toutes ne

---

1. La Fédération du Midi a été formée par la réunion de plusieurs Fédérations départementales. Celles-ci devinrent, dans son sein, des sections ayant leur autonomie, leurs ressources financières, leur comité exécutif. Au congrès d'Arles en 1906, le secrétaire du syndicat de Mèze, Milhaud, demanda leur suppression, démontrant que, si elles avaient pu rendre au début des services pour la propagande, elles constituaient depuis longtemps un rouage inutile, mettant la Fédération dans une situation financière difficile. Mais Milhaud ne fut pas écouté ; sa proposition fut repoussée par 32 voix contre 16. Au congrès de Béziers (2 novembre 1907) la question fut reprise et depuis les sections n'existent plus.

se sont pas laissées entraîner dans cette voie. La
Fédération Bourbonnaise n'a jamais donné son adhésion ; peut-être même ne l'accepterait-on pas, car les
métayers ne sont pas à proprement parler des salariés et une certaine inquiétude s'était manifestée
dans les milieux syndicalistes, au moment où la
question aurait pu se poser. Chez les résiniers la
question fut agitée lors du congrès de Morcenx, au
mois de décembre 1906. Les syndicats du Nord du
département des Landes demandaient, par l'organe
du secrétaire de Sainte-Eulalie, Duclos, l'adhésion à
la Confédération Générale du Travail. Mais les syndicats du Marensin sur lesquels Ducamin avait la
haute main refusaient leur concours. Il faillit y avoir
une scission qui ne fut évitée que grâce à une promesse d'adhésion formulée par le bureau. Mais quelques jours plus tard une note officieuse paraissait dans
*le Républicain Landais* (1). « Le comité exécutif de la
Fédération des résiniers déclare n'avoir rien de commun avec la Confédération Générale du Travail et
veut rester indépendant. » A l'heure actuelle Ducamin subit une peine de prison, et pourtant il dirige
encore moralement la Fédération qui n'a pas adhéré
à la Confédération Générale du Travail. Sauf ces
deux organisations, les autres y sont affiliées et participent ainsi au grand mouvement syndicaliste et
révolutionnaire du prolétariat.

---

1. *Le Républicain Landais*, 1ᵉʳ janvier 1907.

## SECTION II

### *L'action fédérale*

Le but de la Fédération est défini d'une façon plus ou moins précise par les statuts. Elle s'est appliquée à développer le mouvement syndical par une propagande constante, à l'intensifier en suscitant et en soutenant des grèves agricoles. Elle a cherché à préciser ces mouvements en formulant les revendications générales des paysans et en intervenant auprès des pouvoirs publics pour demander que les lois sociales ne soient pas faites seulement pour l'industrie, mais s'appliquent aussi à l'agriculture. Elle a enfin cherché à éloigner les syndicats de la politique pour les confiner sur un terrain exclusivement syndicaliste.

La propagande s'est faite très souvent avec la collaboration des Bourses du Travail et de la C. G. T.

Exécutant les décisions du congrès de la Guerche, la Fédération bûcheronne organise, avec Nicolet de la C. G. T., une première tournée de propagande du 7 au 20 janvier 1906 ; des conférences sont faites dans quatorze communes du Cher et de la Nièvre, qui amènent l'adhésion à la Fédération de dix syndicats (1). Avec Lemoux de la C. G.T., une deuxième tournée est organisée dans les bois de l'Allier et dans la région du Morvan au mois d'avril 1906. Du 8 au 13 janvier 1907 c'est une tournée dans l'Yonne, organisée par la Fédération et la Bourse du Travail d'Auxerre. D. Veuillat parcourt, à nouveau, le pays au mois d'octobre 1907 (2).

Pendant le mois de décembre 1905 et dans la première quinzaine de mars 1906, la Fédération horticole fait des séries de conférences dans toute la banlieue parisienne. Au début de l'année 1907 elle organise une tournée de propagande par Tours, Orléans, Blois, Angers, Nantes et le Mans. Mais cette tournée n'a pas donné de résultats satisfaisants. A Tours la réunion fut faite le jour de la fête annuelle de la Saint-Fiacre. Ce fut un échec complet, cinq ou six personnes seulement y assistèrent. La Fédération se propose d'organiser d'autres séries de conférences avec l'aide de l'Union Fédérative terrienne. Le 4 février 1906 le bureau central des syndicats de feuillardiers a organisé des conférences, avec le concours de la Bourse du Travail de Limoges. Mais sa

---

1. Syndicats de la Celle, Beaumont-la-Ferrière, Murlin, Danzy, Criz, Couloutre, Cessy-les-Bois, Perroy, Nannay, Entrains.

2. Conférences de Veuillat le 20 octobre à Saint-Sauveur, le 21 à Treigny, le 22 à Saint-Fargeau, le 23 à Saint-Privé, le 24 à Bléneau, le 26 à Champcevrais, le 27 à Sommecase, le 28 à Perreux, le 29 à Vandevannes, le 31 à Beasses, le 1er novembre à Festigny, le 2 à Lichères-sur-Yonne.

sphère d'action est peu étendue, elle ne va guère au-delà de la région de Saint-Yrieix.

La Fédération du Midi a donné mandat à Marie de la Confédération Générale du Travail de visiter successivement pendant le mois de décembre 1905 les communes de Cuxac-d'Aude, Coursan, Fleury, Vinassan, etc. Au mois de mars 1906, c'est Bron de la Bourse du Travail de Cette qui continue la propagande et visite une trentaine de villages de l'Aude. Au mois d'avril 1906 il va dans les Pyrénées-Orientales. Tout récemment pendant l'hiver 1907-1908, Paul Ader, Milhaud, Niel ont successivement parcouru les campagnes pour relever les syndicats chancelants.

Dans ces conférences, les orateurs insistent sur l'utilité de l'association pour assurer le triomphe des revendications ouvrières. Ils retracent l'œuvre accomplie par le syndicalisme, font en passant le procès de la société capitaliste et du gouvernement, et préconisent la fondation de coopératives socialistes. Ces conférences ont donné naissance à de nombreux groupements et, dans les localités où il en reste, elles consolident l'esprit syndical.

Les Fédérations font aussi de la propagande par la presse, par la publication de brochures et de feuilles périodiques.

Au 1er congrès horticole le 24 décembre 1904, les jardiniers donnaient mandat au comité fédéral de faire paraître un bulletin mensuel aussitôt que le budget le permettrait. Il devait avoir pour titre : *L'Ouvrier Horticole* et pour sous titre *Organe de la Fédération ouvrière Horticole de France et des Colonies*. On décidait en même temps qu'en principe trois pages seraient consacrées aux articles de propagande et communications des syndicats, la quatrième serait réservée aux articles techniques. Le journal devait être gratuit pour tous les fédérés (1). Le premier numéro parut au mois de mai 1905 ; on y exposait le but de la Fédération, les revendications, on y dénonçait l'attitude des jaunes, on donnait des comptes-rendus des séances du comité fédéral et des réunions des syndicats. Ce journal n'a pu vivre longtemps. Le 25 août 1906 le comité fédéral décidait d'en cesser la publication. Déjà au II⁰ congrès, quelques mois après sa création, on se plaignait de ce qu'il absorbait tous les fonds de la Fédération. Au mois d'octobre 1906, paraissait le seizième et dernier numéro. *L'Ouvrier Horticole* avait vécu.

Au mois de mai 1905, paraissait également dans le Midi, un organe rural, *Le Paysan*. Sa création avait été décidée au Congrès de Narbonne. La com-

---

1. Brochure des I⁰ʳ et II⁰ congrès, p. 6-7. Il fut question au II⁰ congrès de supprimer ces articles techniques pour donner une plus large place à la propagande, mais cette manière de voir fut rejetée par 4 voix contre 0 et 3 abstentions.

mission chargée de l'étude de cette question avait fait un rapport défavorable, prétendant que la *Voix du Peuple* et les journaux locaux suffiraient amplement à la propagande. Mais après une longue discussion et les observations de Paul Ader, on vota la création d'un journal corporatif mensuel en laissant au comité le soin de prendre toutes mesures utiles et de choisir le moment opportun pour le lancement du journal (1). Après quelques mois d'existence, *Le Paysan* recueillait plus de 800 abonnements dont le prix était invariablement fixé à 1 franc, A la fin de la première année, au 31 décembre 1905 son budget s'équilibrait :

| | | |
|---|---|---|
| Recettes : Abonnements et numéros supplémentaires . . . . . . . . . . . . . . . . . | 876 fr. | 40 |
| Dépenses. . . . . . . . . . . . . . . . . . . . . . . | 769 fr. | 03 |
| Avoir en caisse. . . . . | 107 fr. | 37 |

Pendant ces huit premiers mois, il avait pu vivre de ses propres ressources. Les militants s'enthousiasmaient déjà et affirmaient que bientôt, grâce aux efforts des syndicats, *Le Paysan* pourrait paraître tous les quinze jours. C'était là une pure illusion. La deuxième année les abonnements diminuèrent. En juillet 1906, ils étaient de 492 seulement. C'est en vain que le comité fédéral fit appel aux associations, invita les abonnés à faire parvenir le montant de

_______

1. Brochure du II<sup>e</sup> congrès, p. 19-20.

leurs souscriptions. C'est en vain que dans des circulaires nombreuses il s'étendit sur les conséquences désastreuses de la disparition du *Paysan* « nous nous sommes heurté à une quasi-indifférence. La prospérité ne pouvait qu'être atteinte du fléchissement de nos organisations et de l'affaiblissement de l'esprit syndicaliste.... c'est la disparition en perspective, ajoutait le rapporteur du congrès d'Arles, c'est la faillite inévitable à moins que ne viennent de nouveaux abonnés » (1). Les abonnés ne vinrent pas et au mois de décembre 1906, *Le Paysan* lançait aux syndicats son dernier adieu.

La tentative faite en cette matière par la Fédération des Bûcherons n'a eu guère plus de succès. Décidé au Congrès de la Guerche (24 septembre 1905), *Le Bûcheron* parut le 20 février 1906, tiré à 5.000 exemplaires. Au Congrès de Lurcy-Lévy (1er septembre 1906) après six mois de publication mensuelle, le bilan du journal se soldait déjà par un déficit de 330 fr. 90 ; sur 110 syndicats affiliés à la Fédération, 15 seulement avaient souscrit des abonnements. Le journal avait coûté 567 fr. 50 ; les recettes n'étaient plus que de 236 fr. 60. Il fallait aviser sous peine de voir les ressources de la Fédération englouties par *Le Bûcheron*. Le congrès de Lurcy-Lévy décida de demander aux associations, par voie de referendum, de por-

---

1. Brochure du congrès d'Arles, p. 22-24.

ter la cotisation fédérale à 10 centimes (au lieu de 5)
et de servir *Le Bûcheron* gratuitement à chacune d'elles en nombre égal au chiffre de ses cotisations fédé-
rales. En attendant le résultat du referendum, le
journal serait servi aux syndicats à raison du quart
de leur effectif cotisant. Dans le numéro du 20 novembre 1906, le comité fédéral lançait un appel aux syndicats les invitant à statuer sur la question posée
par le congrès. Mais ce referendum donna un résultat négatif. Les paysans sont toujours récalcitrants
lorsqu'il faut payer. Cependant *Le Bûcheron* avait
besoin d'argent plus que jamais. Au mois de janvier
1907, son bilan accusait un déficit de 900 francs
« pourtant, disait Bornet, nous ne voulons à aucun
prix voir *Le Bûcheron* disparaître. N'est-ce pas assez
que, sur trois journaux que possédait le prolétariat
rural, deux aient déjà disparu. Seul *Le Bûcheron* reste
sur la brèche » (1). Il vécut jusqu'au mois de juin
1907, heureux de laisser la place à un nouvel organe
*Le Travailleur de la Terre* qui devait remplacer les
publications disparues.

Les métayers font paraître une revue trimestrielle
de 20 ou 30 pages, *Le Travailleur rural*, dont la rédaction est assurée par Emile Guillaumin. A la réunion
du 14 octobre 1906, le bilan de cette revue s'établissait ainsi :

----

1. *Le Bûcheron*, 20 janvier 1907. Bornet. *Pour le bûcheron.*

*328 abonnés*

| | |
|---|---|
| Recettes . . . . . . . . | 256 fr. 40 |
| Dépenses. . . . . . . . | 283 fr. 35 |
| Déficit. . . . . . . . . | 26 fr. 95 |

Ainsi ce modeste organe lui-même ne pouvait pas vivre. Guillaumin proposa pour équilibrer cet insignifiant budget de porter l'abonnement de o fr. 6o à 1 franc pour les syndiqués. Bernard proposa une autre solution qui fut adoptée. Les syndicats verseraient à la Fédération o fr. 10 par membre et par mois au lieu de o fr. o5 et le bulletin serait servi gratuitement à tous les syndiqués. Les numéros sont envoyés en bloc au secrétaire de chaque association qui se charge d'en assurer le service dans son groupe. On évite ainsi des frais d'envoi. Avec ce système, la situation financière du *Travailleur rural* est devenue satisfaisante. Le 15 novembre 1907, les recettes s'élevaient à 6o5 fr. 85, les dépenses à 568 fr. 20, d'où un excédent de 37 fr. 65 auxquels venaient s'ajouter les encaissements du jour 343 fr. 75, soit un avoir total disponible de 381 fr. 4o.

La situation difficile dans laquelle ont vécu ces différents organes corporatifs montre bien qu'ils n'ont pas reçu du prolétariat rural l'accueil qu'en attendaient les militants. Les paysans lisent peu et la propagande par la presse n'a jamais donné chez eux de résultats proportionnés aux frais qu'elle occasionne (1).

Certains syndicats ont publié des brochures de propagande. La Fédération du midi a fait éditer le *Manuel du Paysan*. L'auteur anonyme y expose la condition sociale des ouvriers ruraux, ce qu'ils ont été autrefois, les serfs corvéables, et il intensifie sa description en citant Vauban, La Bruyère et Young ; il fait l'historique des révoltes paysannes, insistant sur Spartacus et Jacques Bonhomme « ainsi, dit-il, l'histoire du paysan n'est qu'une longue plainte de souffrances de toutes sortes (2). La situation présente ne lui paraît pas meilleure avec le chômage résultant du machinisme agricole et les terribles éventualités de la maladie et de la vieillesse. Que doivent-ils faire ces paysans ? D'abord s'attacher à la conquête d'améliorations partielles : réduction des heures de travail, augmentation des salaires, mais *sans oublier leur rôle social dans la transformation économique de la société*, et pour cela il n'y a qu'une arme : le syndicat. Telle est l'essence de cette bro-

---

1. La Fédération Landaise n'a pas d'organe corporatif. Il est question d'en créer un. Elle envoie des communiqués aux journaux avancés tels que *Le Républicain Landais*. — Le syndicat de Crépy-en-Valois collabore à l'*Oise-Mutualiste*. La Fédération des paysans du Nord a trouvé une tribune bienveillante dans *le Briard* de Seine-et-Marne.

2. *Le manuel du paysan*, p. 8.

chure qui se trouve dans toutes les mains ouvrières du Midi.

En janvier 1905 le syndicat métayer de Bourbon-l'Archambault a publié une brochure de propagande dont les termes sont bien moins violents et où il n'est nullement question de la lutte des classes et de la transformation de la société. Après un préambule où l'inévitable La Bruyère réapparaît, il est dit que la crise agricole de ces vingt derniéres années a fait la misère du métayer. Il faut ajouter à cette cause le fermier général qui prélève sur le propriétaire et sur le métayer un bénéfice « auquel ses services ne lui donnent pas droit. » Les métayages sont hors de prix et l'auteur établit un budget de métayer tendant à démontrer sa misère. Pour sortir de cette condition, l'arme à utiliser sera inévitablement le syndicat. On pourra améliorer les baux, faire réduire le taux de l'impôt colonique, et par le développement de la mutualité s'assurer un avenir meilleur. Telles sont ces deux brochures de propagande, les seules d'ailleurs qui aient été publiées (1).

La Fédération soutient dans la mesure de ses moyens les grèves des associations fédérées. Les statuts déclarent généralement qu'elle vient en aide aux syndicats qui font grève avec son consentement

---

1. Les Fédérations ont aussi publié en brochures les comptes-rendus des congrès.

préalable, mais qu'elle ne s'engage nullement à soutenir les conflits nés en dehors de son inspiration.
C'est là une mesure rationnelle. Trop souvent les
syndicats se laissent entraîner sans se rendre compte
de leurs ressources, de leur résistance possible et
sans prévoir les conséquences morales désastreuses
d'un échec. Il est juste que la Fédération ne soutienne
pas une grève inutile et vouée d'avance à l'insuccès.
Mais elle prête tout son concours lorsqu'une occasion favorable détermine un conflit. Les militants vont
dans les foyers de la grève y faire des conférences
et soulever l'enthousiasme de la population ouvrière.
La Fédération horticole a soutenu les grévistes de
Lyon et de Saint-Aubin. Bled et Laurent ont parcouru les campagnes au moment des grèves agricoles de Seine-et-Marne.

Les Fédérations ont quelquefois encouragé le sabottage dans les grèves. Le congrès de la Guerche l'adop-
tait en 1905. Le moyen usuel de sabottage dans les
forêts consiste à scier les arbres horizontalement
jusqu'au milieu et ensuite verticalement, de cette
façon ils deviennent inutilisables. La Fédération horticole s'est montrée la plus ardente à l'encourager.
Le congrès d'Orléans adopte un vœu invitant « les
syndicats fédérés à se servir de ce moyen d'action
toutes les fois que les circonstances le nécessite-
ront. » Dans l'*Ouvrier Horticole* (n° du 1ᵉʳ août 1906)
paraît un article du secrétaire du syndicat de Dijon

montrant les avantages multiples du sabottage qui est, dit-il, « l'art de réduire dans la plus large mesure possible les bénéfices des exploiteurs qui abusent de la sueur des ouvriers et qui s'opposent à l'émancipation prolétarienne ». Et il le conseille aux jardiniers en leur recommandant toutefois d'agir intelligemment, c'est-à-dire en imitant ceux des « exploiteurs qui cotoient le code sans tomber dans les griffes de Dame Justice ».

Dans le Midi il y a eu quelques actes de sabottage à regretter, surtout pendant la période des grèves de 1904. A Bessan, des charrettes appartenant à un grand propriétaire furent renversées ; à Capestang un fil téléphonique privé fut coupé. En 1906 pendant la grève de Salles-d'Aude, 2.500 souches de vigne furent dévastées. Mais ni la Fédération ni les syndicats ne prennent la responsabilité de ces pillages.

Le sabottage a été très intense pendant les grèves des résiniers en 1906 et 1907. Il se trouve particulièrement facile à exercer dans cette profession. C'est par milliers que l'on a pu compter les pots de résine cassés, sans compter les incendies de forêts. Mais là plus qu'ailleurs les syndicats ont toujours refusé d'en prendre la responsabilité ou même l'initiative et il faut, en général, mettre ces actes de vandalisme sur le compte de quelques révoltés dont le cerveau se trouve injecté de criminalité.

Certaines Fédérations refusent d'ailleurs complètement d'admettre le sabottage. Les ouvriers du Nord, pas plus que les métayers du Bourbonnais ne voudraient consentir à détruire les superbes champs de blé que leur travail a fait naître. Ils comprennent qu'ils anéantiraient par là même une partie de la fortune nationale et contribueraient par leurs actes à renchérir le prix des denrées agricoles « trop cher déjà pour leurs frères de misère de l'industrie. »

Les Fédérations ne se sont pas efforcées de susciter des grèves partielles, mais plutôt de concentrer les forces syndicales pour une résistance collective. La question de la grève générale a été agitée à peu près dans tous les congrès. Le II⁰ congrès horticole le considérait « comme le seul moyen de libération intégrale » et donnait mandat au comité fédéral de faire toute la propagande possible pour la diffusion de cette idée (1).

Le I⁰ᵉ congrès du Midi dit que « par grève générale il faut entendre révolution. Elle est nécessaire, car elle sera une œuvre de restitution des outils de la terre aux exploités. Quant aux grèves locales, elles sont en quelque sorte la gymnastique préparatoire du grand conflit final qui ébranlera notre société capitaliste déjà vermoulue (2). »

_______

1. Une tentative fut faite au mois de mars 1906 dans la région parisienne.

2. Brochure du Iᵉʳ congrès du Midi, p. 41.

Le congrès de Narbonne en 1904 ne s'en tint plus à ces considérations abstraites. Dans une longue discussion, il étudia les chances de succès que pourrait avoir un mouvement général des ouvriers du midi et il laissa au comité fédéral le soin de fixer la date la plus favorable. Nous avons vu le peu d'empressement que les syndicats mirent à répondre au referendum du comité fédéral. Cette grève générale du mois de décembre 1904 échoua lamentablement. Le moment était, d'ailleurs, bien mal choisi. Dans la viticulture, les périodes les plus propices sont évidemment le temps des vendanges et des sulfatages, périodes où quelques jours de retard peuvent compromettre la récolte et où par conséquent le propriétaire est obligé d'accepter les revendications. On se trouvait en plein hiver, tous travaux terminés et, ce qui mieux est, après une longue période de conflits et de souffrances (année 1904) ; ce mouvement échoua et le comité fédéral s'attira de vertes remontrances au congrès de Perpignan pour son attitude imprudente. Cet échec paraît avoir anéanti l'enthousiasme méridional en matière de grève générale ; aux congrès d'Arles en 1906 et de Béziers en 1907, la question ne figurait plus à l'ordre du jour (1).

A l'exemple de la C. G. T., les Fédérations ont cherché depuis ces deux dernières années à créer

---

1. La Fédération des Bûcherons a rejeté la possibilité de la grève générale dans son deuxième congrès.

dans l'agriculture à la date du 1ᵉʳ mai un mouvement
de chômage semblable à celui qui existe dans l'industrie. Il est intéressant d'enregistrer ces efforts.
Elles lancent des appels annonçant à l'avance cette
date du 1ᵉʳ mai et encourageant les ruraux à célébrer
par le chômage cette fête du travail. D. Veuillat nous
dit qu'il fut assez intense en 1906 (1). Dans la région
de la Guerche la plupart des bûcherons suspendi-
rent leurs travaux, et furent imités par les ouvriers
maçons, chaufourniers et autres. Des ouvriers parcouraient les rues des villages en chantant l'*Internationale*. A Torteron 600 manifestants, à la Guerche
un nombre plus élevé encore.

En 1907 dans le *Bûcheron* du mois de mars, en
même temps qu'elle publie l'appel de la Confédération Générale du Travail en faveur des huit heures, la Fédération adresse une proclamation « aux
organisations adhérentes ». Alors que la journée
de travail est de neuf heures dans les bois, elle
est encore de quatorze à seize heures dans l'agriculture. Elle engage donc les syndicats à ne plus travailler que dix heures dans les champs à partir
du 1ᵉʳ mai (décision du congrès de Lurcy-Lévy).
Cet appel n'a pas eu d'écho. Les tentatives de
grève générale ont échoué ; *a fortiori* les mouvements du 1ᵉʳ mai ne pouvaient guère aboutir qu'à

---

1. *Le Bûcheron*, 1ʳᵉ année, n° 4.

des manifestations locales sans importance et sans lendemain. La Fédération du Midi, exécutant les décisions du congrès de Perpignan, lance elle aussi un appel pour le 1er mai 1906. Il y est dit que tous les travailleurs agricoles devront imposer aux patrons la journée de six heures. La tactique préconisée, c'est que sans négociations on cessera le travail les six heures terminées. Les orateurs du congrès de Perpignan ne s'étaient pas illusionnés sur la portée de cette décision. Ils en avaient voté le principe, mais n'en espéraient guère de résultat. Ce 1er mai n'a donné lieu qu'à des manifestations de solidarité syndicale. A Cuxac-d'Aude, après une promenade au chant de l'*Internationale*, les syndiqués se réunissent au siège social du syndicat où un punch solennel leur est servi : un discours de P. Ader termine cette journée. A Fleury, Argeliers, Coursan, Espira de l'Agly, Mèze, partout des manifestations semblables. A Canohès chômage complet. A Sallèles d'Aude, banquet fraternel et bal. Le 1er mai a revêtu dans le midi en 1906 et en 1907 un caractère imposant de fête du travail, mais il n'a pas été autre chose.

La Fédération Horticole a adopté au congrès d'Orléans le principe de la journée de huit heures au 1er mai. A cette date, elle lance des appels invitant les syndiqués au chômage. On organise des réunions dans les sections du syndicat de Paris. En 1907, un cinquième des ouvriers jardiniers ont interrompu ce jour là leurs travaux.

Ainsi les Fédérations assistent les associations dans toutes leurs manifestations de solidarité. Elles les soutiennent par leur propagande et dans la mesure de leurs ressources financières. Pour les procès, pour les secours de route (viaticum), elles se sont efforcées, autant que possible, de montrer leur utilité par des secours pécuniaires de toutes sortes accordés aux syndicats et aux syndiqués. Il est vrai que leurs caisses sont trop faibles pour leur permettre de grandes largesses.

Les Fédérations organisent chaque annéedes congrès auxquels tous les syndicats sont invités à prendre part (1). Dans ces assises, après un compte-

----

1. Congrès bûcherons de : Bourges 29 juin 1902, Nevers 30 août 1903, Auxerre 4 septembre 1904, La Guerche 24-25 septembre 1905, Lurcy-Lévy 1-2 septembre 1906, Dun-sur-Auron 22-23 septembre 1907.

Congrès horticoles de : Paris 23-24 décembre 1904, Orléans 29-30 septembre 1905, Paris septembre 1906, Montreuil-sous-Bois 21-22 septembre 1907.

Congrès des travailleurs agricoles du Midi : Béziers 15-18 août 1903, Narbonne 13-16 août 1904, Perpignan 13-16 août 1905, Arles 13-15 août 1906, Béziers 2-3 novembre 1907.

Congrès des résiniers : Morcenx 6-7 décembre 1907.

Congrès des ouvriers agricoles du Nord : Melun 6 janvier 1907.

Congrès des métayers du Bourbonnais : Moulins 3 décem-

rendu de la situation morale et financière, on discute sur des questions de tous genres. Des vœux sont formulés et les revendications générales y prennent corps. On y rejette dédaigneusement la mutualité et la participation aux bénéfices, manifestations de solidarité qui paraissent aux ouvriers « pourvues de formes trop bourgeoises pour assurer le bien-être du prolétariat » ; on s'y indigne contre l'organisation actuelle du Conseil Supérieur du Travail où une trop grande place est donnée aux patrons et où l'agriculture n'est pas représentée.

Les Fédérations ont demandé dans tous leurs congrès l'extension des lois ouvrières à l'agriculture. Déjà le congrès bûcheron de Nevers (30 août 1903) réclamait l'établissement de conseils de prud'hommes pour régler les contestations entre ouvriers des bois et marchands.

Le congrès de Béziers, quelques jours plus tôt, demandait la création d'un conseil de prud'homie agricole dans tous les cantons. Une discussion s'éleva sur le point de savoir si l'on pourrait désigner comme ouvrier prud'homme le petit propriétaire terrien. Oui, répondirent les congressistes, s'il ne possède pas plus de 4 hectares, car la récolte qu'il retire de sa terre n'est que le fruit de son travail, puisqu'il exploite

---

bre 1905, 22 avril 1906, 14 octobre 1906, 12 avril 1907, 15-16 novembre 1907.

lui-même. Et le compte-rendu du congrès disait :
« jugé par ses semblables et par les ouvriers, le propriétaire saura qu'il doit respecter le contrat de travail » (1). Le congrès de Narbonne en 1904 se prononçait lui aussi pour l'extension de la prud'homie.
Il demandait même la suppression des Tribunaux de
commerce « parce qu'en appel, ces Tribunaux, composés de patrons, rendent des verdicts absolument
opposés aux sentences prud'hommales ». Il parlait
de la création possible de conseils de prud'hommes
qui formeraient un deuxième degré statuant sur les
appels des premiers. Le congrès de Narbonne demandait encore que les femmes aient voix élective au
sein de la prud'homie. Des suppliques aux pouvoirs
publics, des lettres furent adressées aux représentants
du peuple, mais le congrès de Perpignan en août
1905 constatait amèrement l'inutilité de ces efforts.

La Fédération Bourbonnaise des Métayers a
demandé elle aussi l'établissement des conseils de
prud'hommes dans l'agriculture. Le 14 octobre 1906,
à sa deuxième réunion, elle adressait une pétition
au Ministre de l'Agriculture, lui montrant toute l'utilité que ces tribunaux peu coûteux sont appelés à
rendre au monde rural, aux métayers en particulier. Leurs conflits avec les propriétaires portent
généralement sur des usages locaux que connaissent

---

1. Brochure du congrès, p. 54.

les gens du pays, mais qui sont totalement ignorés des juges de paix. Jusqu'ici toutes ces plaintes sont restées sans résultat. Il n'y a pas encore de conseils de prud'hommes dans l'agriculture. A peine peut-on citer un exemple. A Saint-Yrieix, au centre d'un canton peuplé de feuillardiers, il en existe un dont les services sont appréciés de toute la population.

Dans les différents congrès, les paysans se sont également préoccupés des retraites ouvrières. Les vignerons du Midi ont critiqué le projet de retraites voté par la Chambre. Ils l'ont repoussé parce qu'il conserve et favorise les sociétés de retraites basées sur la mutualité. De nombreux articles parurent dans *le Paysan*, dénonçant la mutualité sous toutes ses formes (1); des ordres du jour furent votés dans les réunions syndicales. Ainsi, le 30 mai 1905, le syndicat de Bessan se prononçait contre le projet Rouvier et préconisait, pour trouver les 180 millions nécessaires, l'impôt sur le revenu, la suppression du budget des cultes, le monopole par l'Etat des assurances et alcools. Cet ordre du jour ne faisait que reproduire celui qui avait été voté un an auparavant par le congrès de Narbonne. Les congrès de Perpignan et d'Arles font entendre les mêmes plain-

---

1. Dans le n° de juillet 1905, on dénonçait l'Association agricole du Bas-Rhône, société mutuelle de retraites ouvrières.

tes, mais elles sont d'une voix différente et quelque peu résignée. Le projet de retraites n'est pas encore voté définitivement. Le sera-t-il ? Les ouvriers se demandent si de nouvelles démarches près des pouvoirs publics pourraient avoir quelque utilité. Ils paraissent accepter ce projet, ils demandent à ce qu'il ne soit pas atténué dans ses dispositions et qu'on maintienne pour les ouvriers agricoles le taux de retraite de 360 francs, comme pour les ouvriers de l'industrie (4° congrès).

La loi du 9 avril 1898 sur les accidents a fait l'objet de nombreux commentaires de la part des ouvriers agricoles. La loi du 30 juin 1899 qui a étendu ses dispositions à l'agriculture est loin de leur donner satisfaction. Sont, en effet, seuls soumis à la loi les accidents agricoles provoqués par le travail des machines mues par des moteurs inanimés. Aussi presque tous les travaux des champs et de la ferme sont en dehors de la loi. La Fédération du Midi, la Fédération du Nord ont protesté, demandant que cette loi soit étendue d'une façon complète à l'agriculture.

En arrivant au pouvoir, le Ministre du travail, M. Viviani, a déposé sur ce point un projet de loi qui sera voté à une échéance plus ou moins lointaine. Des démarches ont été faites auprès de lui par le syndicat de Crépy-en-Valois. Une délégation conduite par M. Halimbourg, conseiller général, lui exposa le

3 décembre 1906 les revendications des ouvriers agricoles (retraites, repos hebdomadaire) et insista particulièrement sur ce point. Il y eut dans *le Briard*, au mois de janvier 1907, une longue discussion sur ce projet de loi entre M. Chauvin, député de Seine-et-Marne, et les représentants des syndicats. Ceux-ci font valoir que si l'exception visant les petits propriétaires qui cultivent habituellement seuls ou avec l'aide exclusive de leur famille est nécessaire, il est néanmoins fâcheux de ne pas protéger l'ouvrier agricole dans tous les cas et quelque soit l'exploitant pour le compte duquel il travaille. Le résultat en serait d'ailleurs de rendre le recrutement de la main d'œuvre plus difficile pour les petits propriétaires. Les syndiqués en concluaient qu'il conviendrait de protéger le salarié agricole d'une manière spéciale en le constituant créancier direct du fonds de garantie pour les rentes et indemnités relatives aux accidents qui lui surviendraient lorsqu'il est au service d'un petit cultivateur non assujetti. Mais cette manière de voir n'a pas été adoptée par la commission parlementaire, car elle est contraire au principe du risque professionnel sur lequel est basée la loi de 1898. Ce droit de créance contre le fonds de garantie avait d'ailleurs pour résultat de le faire alimenter par les contributions des seuls patrons assujettis et de lui faire payer les indemnités relatives aux sinistres des non-assujettis. Enfin la difficulté du recrute-

ment peut être évitée par suite d'un article 1 *bis* ajouté au projet Viviani, qui permet aux petits propriétaires l'assurance facultative (1).

Les bûcherons ont très souvent réclamé le bénéfice de cette loi de 1898. A la suite de leurs plaintes incessantes, la Chambre des Députés s'était même décidée, dans sa séance du 7 juin 1904, à assimiler les coupes et exploitations forestières aux chantiers de manutention, mais dans sa séance du 27 mars 1906, le Sénat repoussa cette proposition prétendant que les exploitations forestières ne sauraient être assimilées à des exploitations industrielles, et que la jurisprudence constante de la Cour de Cassation en faisait des exploitations agricoles. Depuis d'ailleurs un fait nouveau s'est produit. Une loi du 18 juillet 1907 permet à tout employeur non assujetti à la loi de 1898 de se placer sous le régime de cette loi par le simple dépôt, à la mairie du siège de son exploitation, d'une déclaration dont il lui est donné récépissé. La législation sur les accidents devient alors de plein droit applicable à tous ceux de ses ouvriers qui y auront donné leur adhésion. Les bûcherons et paysans ont compris tout l'avantage que l'on pouvait déduire de cette loi. Au congrès de Dun-sur-Auron, la Fédération invitait les syndicats forestiers à inscrire dans leurs contrats de travail, dès la campagne

---

1. *Le Briard*, 9 janvier 1907, article d'Emile Chauvin.

de 1907-1908, une clause ainsi conçue : « Le marchand de bois soussigné déclare prendre, par le fait du contrat, l'engagement de se placer, conformément à l'article 1 de la loi du 18 juillet 1907, sous le régime de la dite législation pour tous les accidents qui surviendraient à ses ouvriers à l'occasion du travail qui fait l'objet du présent contrat. » Certains syndicats ont déjà obtenu satisfaction : Uzay-le-Venon, Meillant (Cher), Couleuvre (Allier).

Les Fédérations ont encore demandé l'établissement d'un salaire minimum, la suppression du travail à la tâche, la réduction de la journée de travail avec paiement des heures supplémentaires. Nous avons vu les résultats obtenus en cette matière.

Outre ces revendications communes, les Fédérations ont formulé quelques revendications spéciales. Les bûcherons et les résiniers ont demandé l'exploitation directe des bois de l'Etat par l'Administration Forestière. Au Congrès d'Auxerre en 1904, le rapporteur du comité fédéral expliquait que les démarches faites pour amener l'Etat à traiter directement avec les organisations syndicales pour les coupes de bois de l'Etat étaient restées infructueuses. La question en est toujours au même point. Au Congrès de Morcenx, Duclos présentait un rapport détaillé sur cette exploitation directe. Il se faisait fort de démontrer que l'exploitation par adjudication produisait en travail et en rendement un rapport moindre de 50 o/o.

Dans les forêts de l'Etat, l'adjudication et le martelage (opération qui consiste à marquer les arbres livrés à l'exploitation et à les distinguer en *pins à vie* et *pins à mort*) sont faits pour cinq ans. La première entaille ne se fait que sur les arbres qui ont atteint 1 m. 10 de périmètre, mesuré à la hauteur de 1 m. 20. L'inconvénient de ce martelage quinquennal est que beaucoup d'arbres non martelés atteindront pendant ce délai une grosseur bien plus forte, tout en restant inexploités. Ainsi, conclut Duclos, l'Etat aurait intérêt à confier chaque année l'exploitation aux syndicats. Mais cette manière de voir n'a été admise nulle part (1).

Les jardiniers ont été plus heureux en ce qui concerne une question toute différente : le repos hebdomadaire. La loi du 13 juillet 1906 s'applique à l'horticulture et le repos peut y être donné par roulement. Les ouvriers jardiniers ont accepté sans récrimination ce repos par roulement et n'ont, en aucune façon, tenu au repos collectif, sauf, peut être, les ouvriers et ouvrières en fleurs naturelles qui envoyèrent, à cet effet, à M. le sénateur Prevet, rapporteur de la loi, une protestation dont il ne fut pas tenu compte (2). Suivant la loi, le repos doit être donné par roulement dans l'horticulture, chez les marbriers,

---

1. Voir rapport de Duclos au Congrès de Morcenx.

2. *L'Ouvrier Horticole*, 1ᵉʳ juillet 1906.

les maraîchers, les pépiniéristes, les fleuristes, les entrepreneurs-paysagistes, les marchés, les champignonnistes, les grainiers cultivateurs. Cependant, certaines catégories de jardiniers ne bénéficient pas de la loi : ce sont les jardiniers de maison bourgeoise et ceux de l'Etat, des départements et des communes, ces ouvriers ne travaillant pas dans un établissement industriel ou commercial.

Les autres Fédérations n'ont pas demandé le repos hebdomadaire. D'ailleurs, dans l'agriculture ce repos existe ; sauf pendant les périodes de gros travaux, on ne travaille pas le dimanche et les ouvriers n'ont pas eu à demander qu'une loi consacre l'état de choses établi par les mœurs.

Une question spéciale s'est posée dans le Midi : c'est la lutte contre la fraude des vins. Les ouvriers agricoles, tout comme les patrons, ont voulu combattre la sophistication des produits qui porte atteinte à la santé publique et qui, en matière viticole, amène la baisse des prix des vins naturels et par répercussion la diminution des salaires. Il faut avouer, d'ailleurs, que la sophistication ne se fait pas seulement dans les entrepôts de Bercy, mais quelquefois aussi chez le producteur lui-même. Certains ouvriers n'ont pas hésité à le proclamer aux Congrès de Narbonne et de Perpignan : « Combattons la fraude par tous les moyens possibles, disaient-ils, demandons une loi punissant d'une peine sévère tout employeur qui renverrait un ouvrier pour le refus de participer à la fraude ordonnée par lui. » — « Si les gros propriétaires font eux-mêmes la fraude, pourquoi prendrions-nous part au mouvement patronal de défense horticole. Nos intérêts ne sont-ils pas en tous points contraires à la crise de la classe capitaliste et ne nous interdisent-ils pas toute action commune avec nos exploiteurs ? » Au Congrès de Perpignan on critique vivement la conduite d'un membre du comité fédéral, Lagarde, qui a pris part, en cette qualité, au Congrès de défense viticole de Béziers. Il justifie sa conduite en disant qu'il avait un mandat du syndicat de Bessan. Après une très longue discussion, on repousse pour l'avenir toute entente économique avec le patronat. Mais l'action commune avec les propriétaires étant rejetée, ne restait-il pas encore à lutter contre eux, puisque beaucoup font la fraude. Au Congrès de Narbonne, déjà, un orateur avait demandé que les ouvriers travaillant pour le compte de fraudeurs ne jouent pas ce rôle hypocrite et criminel. Mais la dénonciation du fraudeur par son ouvrier entraîne inévitablement le renvoi de ce dernier. Et les congressistes n'imposèrent pas la dénonciation, considérant qu'il s'en suivrait, pour les délateurs, un chômage préjudiciable. Cependant la section des Pyrénées-Orientales, dans sa réunion du 9 juillet 1905, tout en évitant la dénonciation directe, nuisible à l'ouvrier, trouvait une solution qui permettait d'atteindre et de combattre la fraude : « 1º Tout travailleur devait signaler le cas de fraude au secrétaire de la section qui serait tenu de faire le nécessaire ; 2º le travailleur devait sabotter impitoyablement — tout en accomplissant cette œuvre avec circonspection pour éviter les représailles — le matériel et les produits des propriétaires fraudeurs (1). »

Les métayers du Bourbonnais ont formulé des revendications particulières que l'on ne retrouve pas chez les autres ouvriers de la terre et cela vient de ce qu'ils ne sont pas dans la même condition sociale. Ils ont demandé que l'on impose la patente aux fermiers généraux. Ceux-ci, en effet, ne se livrent-ils pas à de véritables opérations commerciales, puisqu'ils prennent en location les terres des propriétaires pour en tirer des bénéfices. Il est évident qu'au point de vue économique, il n'existe aucun motif en faveur du maintien de ce privilège. Si le fermier général a rendu autrefois par son instruction des services à l'agriculture, il n'en est plus de même aujourd'hui. Les paysans savent faire leurs affaires, diriger intelligemment leurs fermes et le fermier général est devenu un intermédiaire inutile qui réalise des bénéfices aux dépens du propriétaire et du métayer. Par une pétition adressée au Ministre de l'Agriculture, les métayers ont demandé qu'ils

---

1. *Le Paysan*, juillet 1905. « La défense viticole ».

soient frappés d'une patente. Mais cette pétition n'a reçu encore aucune satisfaction. Elle est pourtant loin d'exprimer toute la pensée des métayers syndiqués qui désireraient la suppression complète de cet intermédiaire.

Le métayage est un mode de culture à moitié fruits. Tout se partage dans la ferme entre le métayer et le fermier général. Mais ce partage ne se fait pas suivant des parts tout à fait égales. Il est dit dans les baux à colonat partiaire que le métayer doit fournir certaines journées de travail au bailleur et lui faire d'assez nombreux charrois, il doit, en outre, à titre de survines, fournir des poulets, du beurre, quelques sacs de pommes de terre. Il doit enfin payer un loyer ou *impôt colonique* qui varie avec l'importance de la ferme. Les métayers se sont élevés contre ces conditions qui leur paraissent rompre l'équilibre à leur détriment. Ils ont demandé la suppression des corvées et des redevances, et ils ont établi des modèles de baux qui leur paraîtraient réunir des conditions plus équitables (1). Ils ont de-

---

1. Modèle de contrat de bail à moitié fruits.

Entre les soussignés,

M. X..., propriétaire demeurant à                , commune de                , d'une part et M. Z..., cultivateur demeurant à                , commune de                , d'autre part.

Il a été convenu ce qui suit :

M. X..., donne à titre de bail à moitié fruits pour une durée

mandé aussi la suppression de l'impôt colonique, prétendant qu'il est naturel que les propriétaires logent ceux qui font valoir leurs terres (1).

1. M. Bernard. « L'impôt colonique ». *Le Travailleur Rural*, mai 1907, p. 5.

On a justifié cet impôt colonique, en disant qu'il est le loyer de l'habitation fournie aux métayers, une compensation de l'hectare de terre fourni gratuitement au métayer comme jardin et qu'enfin il compense les assurances et impôts fonciers payés par le propriétaire. Les redevances se justifient par ce fait que le lait, les œufs et toute la petite volaille sont laissés sans partage au métayer.

de      (6, 9, 12) années consécutives qui commenceront le onze novembre mil neuf cent          pour finir à pareille époque de l'année mil neuf cent.

Le domaine de          , situé commune de consistant en bâtiments d'habitation et d'exploitation, jardin, prés, terres et cheptel — cela sans aucune réserve ; — le tout d'une contenance de          hectares.

### Conditions générales :

1° M. X..., propriétaire apporte à l'association le domaine avec toutes ses dépendances comme il est stipulé plus haut. Il a la charge d'entretenir en bon état d'hygiène et de confortable les bâtiments d'habitation et d'exploitation.

Sont également à sa charge tous les amendements, drainages et irrigations nécessaires au bon entretien de fertilité des terres et des prés.

Les impôts fonciers en principal et généralement toutes taxes ordinaires et extraordinaires dont les biens ci-dessus sont ou pourraient être grevés seront payés par le propriétaire.

2° M. Z..., cultivateur apporte de son côté à l'association

En dehors de ces revendications il y a toujours eu dans les congrès des vœux sur des questions diverses. Le congrès de Lurcy-Lévy (1-2 septembre 1906) a demandé la suppression des louées et la création dans chaque commune d'un bureau syndical chargé

---

ses outils dont l'entretien reste complètement à sa charge ; et le travail que nécessite la bonne culture du domaine.

Pour toutes réparations, reconstructions ou constructions neuves que nécessitera le bon entretien des bâtiments d'habitation et d'exploitation, il sera tenu de fournir attelages et conducteurs pour les matériaux nécessaires et distants de moins de trois kilomètres. Il sera exonéré de cette charge la dernière année de jouissance. Il fournira, même cette dernière année, attelage conduit pour le transport des grains appartenant au propriétaire et provenant de la ferme. La nourriture du ou des conducteurs ou l'indemnité équivalente lui sera due pour cette besogne.

3° Tous les produits du domaine seront partagés par moitié et les comptes réglés chaque année au onze novembre. Néanmoins, le propriétaire sera tenu de fournir chaque trimestre des acomptes sur les ventes, si le métayer l'exige.

Cependant, et pour indemniser M. Z..., de la plus-value de son outillage et de son travail, il lui sera laissé la jouissance entière du jardin.

Les œufs, ainsi que le lait après l'allaitement des veaux, seront également sa propriété. Le bois mort lui appartiendra.

Les grains et graines nécessaires aux ensemencements seront fournis par moitié.

Par moitié également, tous les frais de nourriture du bétail autres que les produits du domaine.

4° La direction, le mode de culture, les achats et les ventes

de recueillir les offres et les demandes et de fournir des ouvriers aux fermiers. Le même congrès demande l'établissement du canal de Moulins à Sancoins. Les

ne pourront se faire qu'avec l'assentiment des deux parties ;

5° Pour les battages à la machine, le propriétaire fournira le matériel et le charbon ; le métayer les ouvriers nécessaires et leur nourriture ;

6° Les assurances, autres que celles des bâtiments restant à la charge du propriétaire, se paieront par moitié ;

7° L'année de la sortie, le cultivateur-métayer devra laisser engranger foins et pailles dans les mêmes conditions qu'il les aura pris à sa rentrée. Il laissera également tous les animaux composant le cheptel, celui-ci sera estimé ; s'il y a plus-value, le propriétaire devra lui rembourser la moitié de cette plus-value, dans le cas où l'estimation donnerait un prix plus bas que lors de la rentrée, le métayer tiendra compte au propriétaire de la moitié de la différence ;

8° L'état des lieux est obligatoire pour chaque changement de métayer. Il devra se faire au plus tard dans les quinze jours qui suivront le onze novembre. Dans cet état des lieux, il sera tenu compte aussi bien des améliorations que des dégradations et les premières viendront en déduction des secondes ;

9° Toutes contestations entre propriétaires et cultivateurs seront portées devant un conseil communal d'arbitres composé de 6 membres : trois propriétaires et trois cultivateurs, jugeant en dernier ressort jusqu'à concurrence de 500 francs ;

10° Les frais du présent bail seront supportés *par moitié.*

Fait à          le          19
en double original.

Ce contrat a été adressé à tous les cultivateurs syndiqués, accompagné de l'appel suivant :

« Camarades,

« Dans le courant d'octobre prochain ou au commencement

métayers du Bourbonnais ont attiré l'attention des
pouvoirs publics sur l'insalubrité des habitations

---

de novembre, la Fédération convoquera, dans une réunion à
Moulins, tous les propriétaires des communes syndiquées et
même au besoin quelques autres.

« A cette réunion, il sera discuté, poliment et courtoise-
ment, tous les motifs qui font de nous des parias de la vie.

« Il est très probable que les propriétaires ne viendront pas
en grand nombre ; il est même probable aussi qu'à cette réunion aucune décision définitive ne sera prise ; mais celle-ci peut
en provoquer d'autres et la réussite de nos espérances viendra
peut-être de là.

« En admettant que ces pourparlers ne réussissent d'aucune
façon et la date à laquelle les cultivateurs doivent avertir leur
propriétaire ou fermier pour se quitter arrivant, la Fédération,
les Syndicats ou les métayers eux-mêmes — selon le mode que
nous choisirons — donneront leur départ et aucun des cultivateurs ainsi déplacés ne cherchera à se replacer sans que nous
ayons obtenu satisfaction.

« Un bail modèle, dont le projet vous est fourni, sera dans
la poche de chaque syndiqué et sans avoir besoin de discuter,
celui-ci n'aura qu'à le présenter à l'acceptation de son propriétaire.

« Deux choses sont à prévoir :

« 1° Les propriétaires feront des difficultés pour accorder ce
que nous demanderons, mais si nous réussissons à marcher en
assez grand nombre, il se pourrait très bien qu'ils deviennent
conciliants. Alors ils provoqueront peut-être eux-mêmes une
seconde et une troisième réunion et si nous sommes tenaces et
bien disciplinés nous finirons par triompher.

« 2° Des non-syndiqués, des journaliers, peut-être même
malheureusement des syndiqués de mauvaise foi essaieront
inconsciemment de prendre la place de nos vaillants camarades,

rurales (1). Le congrès d'Arles a émis le vœu que les terrains incultes fassent retour aux départements et communes et soient livrés pour l'exploitation aux travailleurs organisés. Il a demandé, en outre, que pour parer au chômage, il soit ouvert des chantiers communaux et que l'on donne des travaux d'adjudilion aux organisations syndicales (2).

## Section III

### *De l'attitude des Fédérations à l'égard des partis politiques*

La Fédération des métayers et celle des ouvriers agricoles du Nord n'ont pas pris soin d'élucider

---

c'est alors, avec l'aide de la Fédération, que le rôle du Syndicat commencera. A tour de rôle, les dévoués veilleront sur ces endroits à prendre et empêcheront par *tous* les moyens: la persuasion, la menace, la force au besoin, que ces rénégats accomplissent leur.œuvre de Caïn.

« La besogne à accomplir est difficile et délicate, elle peut cependant réussir, à nous d'y apporter toute notre énergie, tout le meilleur de nous-mêmes. Le résultat à obtenir est si grand qu'il vaut la peine qu'on se dévoue sans compter. Donc tout entier à notre tâche, Camarades, et sans faiblesse ! »

M. Bernard.

1. Pétition au Ministre de l'Agriculture. Voir *le Travailleur Rural*, novembre 1906, p. 5-6.

2. Congrès d'Arles, page 91-92.

cette question. Elles laissent pleine et entière liberté d'attitude à leurs adhérents qui, pour la plupart républicains sincères, ne paraissent pas s'être laissés entraîner dans le courant socialiste.

Au congrès de Lurcy-Lévy la question mise à l'ordre du jour par suite d'un vœu de la section de Saint-Pierre-le-Moûtiers fut repoussée à l'unanimité par la question préalable. Les congressistes voulurent ainsi afficher tout leur mépris des partis politiques. Un mois plus tôt le comité fédéral bûcheron, dans sa séance du 5 août 1906, invitait les associations adhérentes à conserver leur indépendance et à rejeter toute intrusion des politiciens dans l'organisation syndicale.

Au congrès d'Arles, la quinzième question de l'ordre du jour était celle des rapports qui peuvent exister entre l'action syndicale et l'action politique. Rouquier, du syndicat de Puisserguier, dans un long rapport, démontre que l'action du prolétariat doit être menée de front sur le terrain économique et sur le terrain politique. Le parti socialiste représente l'action politique du prolétariat organisé. Loin de vouloir « inoculer le virus politique à l'organisation syndicale », il dit qu'une action parallèlle est nécessaire et que des rapports amicaux doivent exister entre le parti socialiste et le syndicalisme. Mais de nombreux orateurs s'élèvent contre cette manière de voir. Milhaud, de Mèze, dit que le parti du travail

doit conserver la neutralité. Ader, dans un long discours, montre les différences qui existent entre l'organisation syndicale qui groupe, en dehors de toute
conception politique ou religieuse, des intérêts de
classe, et l'organisation politique qui unit pour leur
même conception philosophique des individus de
conditions différentes. La première lutte pour des
améliorations dont bénéficieront tous les adhérents,
la seconde pour avoir le pouvoir, sans compter que
« les militants de cette dernière ne dédaignent point
de ramener la question sociale à leur propre person-
nalité (Mirman, Augagneur, Briand et autres). Nos
organisations syndicales ne sont pas des groupements
d'opinion, dit Ader, chacun doit rester sur son terrain. »

Les conclusions du rapport Rouquier sont repoussées par 33 voix contre 18. Deux ordres du jour,
l'un demandant la neutralité de la Fédération en
matière politique, l'autre accordant toute liberté
d'action aux syndiqués à condition de ne pas se servir des titres qu'ils possèdent dans leurs organisations, sont adoptés (1).

Ainsi, les Fédérations resteront uniquement sur
le terrain syndicaliste ; l'action directe, la lutte économique contre le patronat, seront seules en faveur.

_____

1. Brochure du congrès d'Arles, p. 75-88.

Matillon                                        19

La devise préconisée sera : « l'émancipation des travailleurs par les travailleurs eux-mêmes ».

Mais malgré cette neutralité fédérale, les ouvriers ruraux ont une attitude politique. Ils prennent part aux luttes électorales et dans les réunions syndicales ils n'ont pas craint de manifester leurs sentiments antigouvernementaux et d'aller ainsi contre les votes des congrès. L'antimilitarisme est particulièrement en faveur chez eux. *Le Paysan* du mois d'avril 1906, publie une protestation contre l'arrestation des 22 signataires de la première affiche antimilitariste. Le syndicat de Coursan, dans sa séance du 2 janvier 1906, formule un vœu antimilitariste et se sépare aux cris « A bas les armées ! A bas les patries ! » Il faut « que nos syndicats deviennent de puissants foyers de propagande antimilitariste, en même temps qu'anticapitaliste » écrit le secrétaire du syndicat d'Ornaisons dans *Le Paysan* (janvier 1906). Dans sa séance du 30 avril 1906, le comité fédéral des bûcherons blâme le gouvernement d'avoir imaginé « le complot » et affirme sa sympathie pour les « camarades de la C. G. T ». Lors de la visite du roi d'Espagne à Paris, Milhaud écrit ces lignes qui ne manquent pas de violence : « Comme un défi nouveau jeté aux syndicalistes de France, à l'heure où paraîtront ces lignes, l'avorton qui commande à toutes les Espagne sera l'hôte choyé du gouvernement, le gosse-roi exhibera sa chétive personne à la badauderie parisienne... crions bien haut notre haine pour les assassins couronnés ! (1). » Dans sa séance du 6 janvier 1907 le syndicat de Sancergues envoie « tout son mépris aux représentants du peuple qui se sont octroyés *une augmentation de salaire* sans consulter leurs électeurs ». Les congrès se terminent généralement par un défilé avec drapeau rouge et au chant de l'*Internationale*. Dans les journaux corporatifs, les syndiqués laissent éclater leur haine contre le régime capitaliste. Leur but n'est pas seulement l'amélioration des salaires, c'est aussi « l'effondrement de la société actuelle pour la remplacer par le collectivisme ». Les syndiqués ruraux sont pour la plupart imbus d'idées socialistes révolutionnaires.

Il faut mettre à part les métayers, gens paisibles et prudents qui ne conçoivent pas encore ce que l'on peut vraiment attendre d'une telle société et qui pour l'instant se contentent de demander aux républicains avancés des réformes démocratiques.

Il est intéressant aussi de savoir ce que sont, à ce point de vue, les résiniers landais. Certains esprits ont prétendu que le mouvement syndical avait été chez eux un mouvement politique. Ce sont des réactionnaires qui, dans le département des Landes, auraient fomenté l'esprit de révolte chez les ouvriers

---

1. *Le Paysan*, n° de juin 1905. Article intitulé « Bourreaux couronnés ».

et déterminé tous les désordres grévistes qui ont eu lieu ces deux dernières années (1). On a accusé le secrétaire de la Fédération, Ducamin, d'avoir fait la campagne électorale pour un candidat libéral et clérical, M. Ader, aux élections législatives dans la deuxième circonscription de Dax contre le républicain Léglise. Le correspondant de *La France* accusait ouvertement le conseil municipal réactionnaire de Lit-et-Mixe d'avoir laissé les grévistes saccager les propriétés des républicains lors de la grève du mois de mars 1907. Le syndicat a protesté contre cette idée et, malgré les affirmations qui nous ont été données sur ce point, nous ne pouvons porter atteinte à la dignité des résiniers landais.

---

1. On a prétendu que les déprédations ont eu lieu surtout sur les propriétés des républicains.

# CHAPITRE III

## L'Union Fédérative Terrienne

———

Les syndiqués ont songé à établir, au-dessus du deuxième échelon syndical constitué par la Fédération, un autre organisme plus général qui relierait, entre elles, toutes les Fédérations et donnerait ainsi au mouvement syndical du prolétariat agricole une même direction et une même pensée. En 1905 ce projet d'Union Fédérative Terrienne (U. F. T.) se trouve à l'ordre du jour de tous les congrès. Il est successivement adopté le 14 août à Perpignan, le 25 septembre à La Guerche, le 29 à Orléans. Les Fédérations horticole, bûcheronne et viticole décident que leurs secrétaires fédéraux entreront en relations pour constituer l'Union Fédérative Terrienne. A l'issue du congrès d'Orléans, le 1ᵉʳ octobre 1905, ils se réunissaient en effet et se constituaient en comité interfédéral Le secrétaire de la Fédération Horticole aurait voulu la création d'un organisme unique fusionnant ensemble toutes les Fédérations ; mais cette fusion ne répondait pas à la pensée paysanne, étant données les variations des conditions du travail, suivant les milieux corporatifs. Le comité interfédéral ne voulut même pas faire un règlement déterminant l'administration et le fonctionnement de cet organisme nouveau. Il tint à ne pas porter atteinte à l'autonomie des Fédérations et c'était là une prudence nécessaire. Il se borna à rechercher les points sur lesquels pourrait porter l'action commune et élabora un projet de statuts qui devait être discuté dans les congrès de 1906. Au congrès d'Arles, ce projet fut voté article par article, et chacun donna lieu à des observations. L'article 9 en particulier fut modifié. La Fédération Horticole se rallia au projet des statuts votés par le Midi, mais en y apportant des réserves. La Fédération des Bûcherons, trouvant prématurée la constitution définitive, se prononça pour le maintien du *statu quo*, en élargissant toutefois les rapports fédéraux, en resserrant les liens de solidarité.

Après ces décisions, le comité interfédéral comprit que le projet de l'Union Fédérative Terrienne était encore loin de sa réalisation. Il continua, néanmoins, de fonctionner et d'assurer l'exécution du programme qu'il s'était tracé. Par la propagande et par voie de referendum, il demanda aux syndicats ruraux d'accepter la fusion des trois organes corporatifs en un seul, de voter le paiement d'une cotisation de o fr. 3o par 100 membres au profit de

l'Union Fédérative Terrienne et la tenue d'un congrès général des trois Fédérations en 1908 (1).

Le comité interfédéral a obtenu gain de cause sur
le premier point. Les trois organes corporatifs : le
*Paysan*, le *Bûcheron* et l'*Ouvrier Horticole* qui ne
pouvaient plus vivre et avaient dû sombrer ont vu
naître à leur place le *Travailleur de la Terre*, organe
de l'Union Fédérative Terrienne. Les quatre Fédérations y exposent leurs revendications et y donnent
le compte-rendu de leurs travaux et de leur propagande. Ce journal paraît le 1er de chaque mois
depuis le mois de juin 1907. Son budget s'équilibre.
Le tirage du 1er numéro s'est fait à 3.600 exemplaires, celui de juillet 7.700, celui d'août 7.200, celui
de septembre 6.200. Au 30 septembre après la
publication de quatre numéros, son budget se décom-
posait ainsi :

Recettes . . . . . . . . 1137 fr. 85
Dépenses . . . . . . . 986 fr. 05
151 fr. 80

L'administration de ce journal est assez complexe.
Imprimé à Bourges, sa rédaction est confiée à Paul
Ader de Cuxac-d'Aude. La Fédération Bûcheronne
prend 4.000 numéros au prix de revient, assure les

1. Au mois de janvier 1907, la Fédération des Ouvriers Agricoles du Nord est venue s'adjoindre aux Fédérations bûcheronne,
horticole et viticole du Midi pour la constitution de l'Union
Fédérative Terrienne.

frais d'expédition pour la totalité de ses exemplaires
et paie, en outre, sa quote-part dans les frais généraux. La Fédération Horticole fait le service gratuit du
journal à ses adhérents, mais le paie au prix normal.
Quant aux syndicats affiliés aux Fédérations agricoles du Nord et du Midi, ils souscrivent directement
le nombre d'abonnements qui leur sont nécessaires.
Il y a donc là une situation très complexe qui montre bien que le principe de l'Union Fédérative Terrienne n'est pas encore solidement établi dans l'esprit
des syndiqués ruraux.

Un journal unique, voilà le seul résultat acquis
jusqu'ici dans l'action commune. Et encore ce sont les
circonstances plus que les idées qui l'ont fait naître.
Ira-t-on plus loin dans cette voie de la collaboration ?
Il est question d'organiser un congrès général en 1908
à Marseille. Mais jusqu'à cette heure aucune décision
définitive n'a été prise. Les Fédérations paraissent
assez jalouses de leur autonomie et peu disposées à
se laisser effacer par une organisation supérieure.

Quels seraient les avantages de cette Union Fédérative Terrienne pour les ouvriers de la terre ? En quelque sorte tous ceux qui résultent de la concentration : économie des frais de propagande, même pensée directrice, grève générale de l'agriculture possible.
Mais pour que ces avantages soient réels, l'Union
Fédérative Terrienne devrait être autre chose que le
lien fragile qu'elle est aujourd'hui. Il faudrait qu'il y

ait une véritable fusion, une seule organisation centrale dont les Fédérations actuelles ne seraient que des sections corporatives.

Il est évident que les Fédérations ne consentiront pas à cette fusion. On peut se demander même si leurs intérêts n'en seraient pas compromis. Les salaires sont si différents d'une région à une autre, les conditions du travail si variables suivant qu'il s'agit des jardiniers, des vignerons ou des bûcherons, les revendications si spéciales à chaque corporation, que le groupement professionnel paraît seul pouvoir donner des résultats. On objectera que les intérêts professionnels seront sauvegardés par l'existence des sections corporatives, mais si l'on décrète une grève générale de l'agriculture ? Parce que les ouvriers du Midi seront mécontents de leur sort et subiront la crise viticole, allez-vous obliger les jardiniers de Paris à cesser le travail ? Si les ouvriers du Midi demandent la journée de six heures, les ouvriers du Nord devront-ils la demander également ?

D'ailleurs cette Union Fédérative Terrienne pourrait-elle vraiment augmenter la force syndicale des ouvriers de la terre ? Par le fait même que l'organisme central sera très éloigné, le syndicalisme faiblira dans les communes rurales. Les congrès se tiendront à des distances trop grandes pour que les syndicats puissent, avec leurs maigres ressources, payer les frais d'un délégué. Les frais de propagande seront énormes lorsqu'il faudra faire des conférences dans des pays lointains. Et la vérité de cette argumentation se trouve démontrée par les faits actuels. Prenons la Fédération Bûcheronne, son action et sa puissance morale ne dépassent guère les confins du Cher et de la Nièvre. Dans ces deux départements, dans le sud de l'Yonne et le nord de l'Allier, il y a un foyer de syndicalisme assez intense, mais dans le reste de la France qu'est le syndicalisme bûcheron ? Il y a certes beaucoup de petits centres ruraux où les bûcherons ont constitué des syndicats. Mais quelle vie ont-ils, quels résultats ont-ils obtenus ? Pour la Fédération Horticole nous pouvons faire les mêmes constatations. Elle a un rayon d'action sur Paris et sa banlieue, mais au-delà sa puissance est presque nulle. Dans beaucoup de grandes villes des syndicats se sont fondés, mais après un élan de quelques mois ils ne donnent plus signe de vie à la Fédération et ils sont trop éloignés pour que cette dernière puisse aller les consolider par sa propagande. Ces exemples prouvent surabondamment qu'en agriculture c'est le groupement régional et professionnel qui peut seul permettre à l'ouvrier d'améliorer sa condition sociale.

# Troisième Partie

## LES SYNDICATS MIXTES
## COMMENT ON A COMBATTU LES SYNDICATS ROUGES

## CHAPITRE  UNIQUE

Le mouvement syndical que nous avons vu se développer chez les ouvriers ruraux devait alarmer le
monde agricole. Dans son rapport au V⁰ congrès
national des syndicats agricoles, tenu à Périgueux
les 15-17 mai 1905, M. Duvergier de Hauranne
faisait un exposé des conflits qui se sont produits
depuis quinze ans entre marchands de bois et bûcherons ou feuillardiers (1). Il voyait avec tristesse les
rapports amicaux qui existaient autrefois entre propriétaires, journaliers et domestiques disparaître des
campagnes pour faire place à des sentiments de
haine et à la lutte de classes. L'âme du peuple, ajou-
tait-il, est déformée par la propagande anarchiste des
rhéteurs des Bourses du Travail, par la diffusion
dans les campagnes des brochures et des appels
enflammés de la Confédération Générale du Travail.
Le prolétariat rural s'organise en parti de classe et
les conflits du début, justifiés par la faiblesse des

1. Rapport de M. Duvergier de Hauranne sur les grèves
agricoles et les syndicats mixtes. (Congrès national des syndicats agricoles, Périgueux, mai 1905).

salaires ou la durée excessive des heures de travail se font de plus en plus violents et ont pour motif des revendications que le patron ne peut accepter sans signer sa déchéance et sa ruine. « Ce qui fait la gravité tout exceptionnelle des conflits les plus récents, c'est que l'ouvrier aspire moins au bien-être qu'à la destruction de l'autorité dirigeante. La grève éclate souvent sans motifs sérieux, parce que le patron s'est privé des services d'un paresseux ou d'un maladroit, ou parce qu'il n'a pas voulu renvoyer et jeter dans la misère un pauvre homme qui n'appartient pas au syndicat de la majorité. Ici on s'en prend au contremaître, qui a le tort de surveiller le travail et de constater les malfaçons. Là on déclare la guerre à la main-d'œuvre féminine. Ce n'est qu'au lendemain de la désertion de l'atelier qu'on commence à corser son cahier de doléances d'une foule d'articles nouveaux. En réalité, on s'attaque surtout à la discipline patronale. Le capital, en attendant qu'on le confisque, doit être l'humble serviteur du travail et son simple commanditaire. »

Le rapporteur du Congrès de Périgeux s'étonnait que l'opinion publique ne se soit pas plus fortement émue de ces troubles agraires. L'horizon lui paraîtrait aujourd'hui, suivant sa propre expression, plus chargé de nuages, puisque depuis 1905 le syndicalisme s'est largement développé chez les ouvriers agricoles du Nord, les résiniers des Landes, et les métayers du Bourbonnais. .

En présence de ces conflits, dangereux parce qu'ils prennent une allure révolutionnaire, des mesures urgentes s'imposaient. « La grève est un mal, a dit Millerand; on n'en peut prévenir l'éclosion que par une organisation préventive dans la paix. » (1)

Puisque des sentiments de lutte et de haine sociales se manifestent parmi nos populations des campagnes autrefois si paisibles, puisqu'ils y provoquent des grèves douloureuses, il faut ramener le calme dans les esprits, chercher à rétablir l'entente et la bonne harmonie. Au lieu de constituer des syndicats ouvriers et des syndicats patronaux qui entrent en lutte au premier choc et deviennent des forces ennemies peu disposées à la conciliation, est-ce que des syndicats *mixtes*, largement ouverts à tous ceux, propriétaires, fermiers, métayers, vignerons, journaliers, qui vivent de l'industrie agricole, ne permettraient pas de développer la confiance mutuelle et de dissiper les malentendus? Au cours des réunions syndicales, les ouvriers demanderaient les améliorations possibles, et, dans ces échanges de vue, ils apprendraient à respecter le droit de propriété, les patrons à donner satisfaction aux légitimes revendications du travail. Ce contact constant, ces discussions courtoises permettraient

1. Discours de M. Millerand à la Commission du travail, février 1904.

d'éviter les troubles agraires et de maintenir la paix sociale dans le monde rural. M. Cheysson, au Congrès d'Arras (1904), insistait déjà sur ce rôle social des syndicats agricoles : « Le syndicat, disait-il, doit instituer dans son sein une commission mixte pour solutionner les conflits du travail et du capital. » (1) Il ne devra pas seulement chercher à obtenir l'apaisement par l'entente amiable et l'arbitrage obligatoire, mais aussi créer des liens de solidarité entre ses membres par le développement des œuvres de mutualité, et combattre avec persévérance le chômage, cette grande plaie de l'industrie agricole. Il faut en outre que le syndicat soit de nature véritablement mixte, c'est-à-dire administré à la fois par des patrons et par des ouvriers.

Cette conception du syndicat mixte ne devait pas être acceptée très facilement dans le monde agricole. Beaucoup de propriétaires ne veulent pas admettre que les ouvriers soient aptes à discuter les salaires, ils ne conçoivent pas leur incorporation dans un syndicat qui concilie mal des intérêts contradictoires ; ils comprennent mieux des syndicats patronaux et des syndicats ouvriers nettement tranchés qui entrent en lutte les uns contre les autres, usant chacun de leurs propres forces.

Les ouvriers syndiqués sont, cependant, les plus terribles détracteurs de ces syndicats mixtes. Ils y

---

1. Rapport Cheysson au Congrès d'Arras (*Musée social*, n° 4225).

voient en quelque sorte la justification du bien-
fondé de leurs prétentions. Puisque les patrons
consentent à discuter dans les syndicats mixtes
l'amélioration des salaires et les conditions du travail, c'est bien que les ouvriers ne jouissent pas de
tous les avantages qui devraient accompagner le
travail. Mais pourquoi constituer des syndicats
mixtes ? Pourquoi y adhérer, puisque l'intérêt patronal est diamétralement opposé à l'intérêt ouvrier.
Ne vaut-il pas mieux s'organiser en face du patronat, et imposer par la grève les conditions que
les propriétaires ne veulent accepter par la
conciliation. Les syndiqués soupçonnent fort les
propriétaires de vouloir, par les syndicats mixtes,
retenir pour eux le plus de privilèges possible.

Emile Guillaumin a qualifié ces associations *Syndicats d'évolution conservatrice*. Il fait à ce sujet une
comparaison saisissante : « Trois charretiers, dit-il,
conduisaient dans un chemin difficile des charrettes
trop chargées ; les roues s'embourbaient ; les essieux
criaient, les chevaux essoufflés n'avançaient qu'à
grand'peine, lentement, difficilement. Le premier
des charretiers ne s'en inquiétait pas ; il sacrait,
pestait, donnait du fouet pour faire avancer plus
vite les pauvres bêtes surchargées. Le second, plus
humain, moins brutal, cherchait à éviter les ornières
et détournaient les pierres de devant les roues. Mais

le troisième fit encore mieux : il arrêta ses chevaux et jeta par terre un bon tiers du chargement. Nous en arrivons à cette conclusion que le premier est un inconscient ; que le fait pour le second de détourner et d'éviter les ornières n'est pas sans valeur, mais que ses chevaux restant surchargés ne pourront avancer longtemps sans dommage, tandis que ceux du troisième, véritablement allégés, pourront se tirer d'affaires. Les propriétaires ressemblent au second charretier, ils pourraient encore faire mieux et réaliser spontanément, dans le petit coin de terre où ils sont maîtres, les améliorations que tous les cultivateurs désirent... » (1).

Cependant ces résistances des propriétaires et des ouvriers n'ont pas paru insurmontables à certains économistes. Ils se sont mis hardiment à l'œuvre et on a vu naître depuis quelques années dans l'agriculture ces syndicats de nature spéciale qui ont réunis patrons et ouvriers dans une même collaboration intime et continuelle (2).

*<br>* *

1. Emile Guillaumin, Etude et Discussion. (*Le Travailleur rural*, novembre 1906, p. 9-10.

2. Ces syndicats mixtes ne sont pas comparables aux syndicats *jaunes* de l'industrie, puisque ceux-ci n'ont dans leur sein que des ouvriers. Il existe dans l'agriculture quelques syndicats jaunes (Fleury d'Aude).

En Seine-et-Marne, après les grèves de 1906, le *Sillon* organisa des conférences à l'effet d'y créer des syndicats mixtes. Des orateurs parcoururent les cantons de Claye-Souilly et Dammartin, mais ils se heurtèrent à des résistances. A Saint-Pathus, des délégués de la Bourse du Travail de Meaux pénétrèrent dans la salle et après un tumulte indescriptible firent échouer la réunion. Un journal *Le Travailleur Libre*, qui avait commencé à paraître, disparut au bout de quelque temps.

Dans l'Oise, un industriel, M. de Cornois, a tenté de créer des syndicats mixtes. Malgré les obstacles qui lui furent opposés par les syndiqués rouges, il parvint à en constituer quelques-uns. Une société de *Mutualité familiale agricole* accorde des secours aux ouvriers et leur assure des retraites. Le *syndicat de défense agricole de l'Oise* a formé une commission mixte de patrons et d'ouvriers pour l'étude des questions sociales, et notamment de l'amélioration de la situation des ouvriers agricoles.

*<br>* *

Chez les résiniers des Landes une heureuse tentative fut faite au mois de juin 1906. On était alors dans la pleine période d'éclosion des syndicats d'ouvriers résiniers. M. Antoine Dubosq, prévoyant la formation prochaine d'une association des résiniers de la commune d'Onesse-Laharie, eut l'idée de créer un syndicat mixte. Il fut fondé le 5 juin et eut pour titre *Union syndicale des propriétaires et résiniers de la Commune d'Onesse-Laharie*. Aussitôt après le vote des statuts, d'un commun accord, propriétaires et résiniers établirent un tarif. L'ouvrier devait avoir la moitié du prix de la résine jusqu'à 6o francs. Au-dessus de ce chiffre, le propriétaire devait faire une petite retenue pour la verser dans une caisse de prévoyance au profit des résiniers. Quelques jours plus tard, le 24 juin, un banquet fraternel réunissait propriétaires et résiniers. Quelques autres syndicats mixtes se fondèrent dans la région, à Lesperon, à Soorts, etc. Mais le plus vivant est celui d'Onesse-Laharie. L'entente règne au sein de ce syndicat, et paraît satisfaire patrons et ouvriers.

** **

Les métayers ont vu naître en face de leurs syndicats des associations rivales. Dans la région de Moulins, M. Chambron, ingénieur-agronome, et M. Milcent, administrateur de la Société des Agriculteurs de France, ont essayé de combattre les syndicats des métayers. Ils ont fondé des syndicats à Ussel, Bressolles, Neuilly, etc., syndicats qui viennent en aide aux métayers pour l'achat en commun des marchandises, par le développement des œuvres d'assistance, syndicats qui « étoufferont la haine et la méfiance que de mauvais esprits s'efforcent de faire naître partout (1) ».

Mais ces associations ne rentrent pas à proprement parler dans le corps de notre étude, elles ne se différencient guère des syndicats agricoles proprement dit, qui sont légion dans l'agriculture, et pour qu'elles aient ce caractère *mixte* que nous avons essayé de définir, il faudrait qu'elles se proposent l'étude en commun des conditions de métayage, qu'elles organisent des commissions de métayers et de patrons pour régler à l'amiable, chaque année, les conditions d'entrée et de sortie des métayers dans les exploitations. Une tentative a été faite dans ce sens, mais elle n'a pas encore donné de résultats.

*<br>* *

D'assez nombreux syndicats mixtes se sont développés chez les jardiniers. Presque toutes les grandes villes en ont un. Citons parmi les plus importants : Angers, 360 membres, Honfleur, Laval, Saint-Quentin (2), Neuville-sur-Saône (Rhône 1900), Lyon (22 juillet 1905), Nantes, Villemomble (Seine), Aix. Quelques-uns d'entre eux ont combattu avec succès les syndicats rouges : Angers et Lyon. Le plus important de ces groupements est, certainement, l'As-

---

1. *L'agriculteur Bourbonnais*, n⁰ du 6 janvier 1907.
2. *Annuaire des syndicats professionnels*.

*sociation Professionnelle de la Saint-Fiacre*, fondée le 30 août 1879 à Paris par M. Blanchemain. Cette association est très puissante. Ses adhérents, qui se recrutent surtout parmi les jardiniers de maisons bourgeoises, sont très nombreux (2.000). Elle a des sections dans la banlieue parisienne et dans les villes de province. Elle a établi des caisses de secours mutuels au profit de ses membres, des bureaux de placement. Elle règle par voie d'arbitrage les difficultés entre patrons et ouvrier, et organise des fêtes (1).

*
* *

C'est dans la corporation des bûcherons que les syndicats mixtes ont commencé à revêtir leur caractère le plus pur.

Les tentatives faites à Cuffy et à Saint-Pierre-le-Moûtiers n'avaient donné aucun résultat. Cependant depuis 1904 trois syndicats mixtes se sont fondés, qui méritent de retenir notre attention. A Limantoux (Nièvre) s'est constitué un *syndicat agricole et industries similaires*. Les statuts prévoient la formation d'une commission de six membres, mi-partie patrons, mi-partie ouvriers, chargée de régler, dans les meilleures conditions possibles, les rapports entre patrons et ouvriers, en tenant compte des facteurs économiques qui les dominent. Ces statuts sont

---

1. *Associations Professionnelles ouvrières*, t. 1er.

encore très imparfaits. Ils ne prévoient pas la question du chômage.

A Tazilly (Nièvre) un propriétaire de bois, M. Pignot, a fondé un syndicat qui comprend 15 à 20 ouvriers. Il leur réserve exclusivement l'exploitation de ses bois. Au début quelques centaines de bûcherons syndiqués firent irruption dans la coupe pour faire cesser le travail. Mais les ouvriers de M. Pignot tinrent tête et sont restés en possession du monopole de ses exploitations. Les conflits sont réglés par voie d'arbitrage comme a Limantoux. « La Chambre syndicale révisera, périodiquement ou quand le besoin s'en fera sentir, le taux des salaires et les conditions du travail, en tenant compte des facteurs économiques qui les dominent. Elle règlera par voie de conciliation d'abord, et au besoin par arbitrage, les différends qui s'élèveraient sur les conditions du travail entre patrons et onvriers, membres du même syndicat.

Il s'est fondé à Ouzouer-sur-Trézée (Loiret) un syndicat agricole et forestier qui compte aujourd'hui plus de 150 membres dont les 4/5 sont ouvriers. Le syndicat adverse a disparu devant cette organisation. Chaque année les prix du bois sont discutés en assemblée générale, et un tarif est établi pour la durée de la campagne. Les chômages sont réduits autant que possible. Le Président, un ouvrier, tient la liste de tous les ouvriers syndiqués disponibles.

Il les désigne à tour de rôle aux employeurs qui ont besoin d'ouvriers. S'il s'agit d'ouvriers pourvus d'aptitudes spéciales, on peut leur donner un tour de faveur. Une allocation de 0 fr. 50 par journée d'incapacité de travail est allouée à tous les bûcherons auxquels un accident surviendrait pendant la coupe.

Ainsi dans ces différentes communes, le calme est rentré dans les esprits. Le travail y est libre ; la lutte des classes a fait place à la confiance mutuelle (1).

*
* *

C'est principalement dans le midi que le type du syndicat mixte s'est perfectionné et propagé, opposant au régime des luttes violentes la pratique d'une sorte de concordat agricole librement intervenu entre les classes intéressées.

La crise agricole a augmenté le nombre des ouvriers et restreint la demande de travail par suite de la ruine de la propriété. Il en résulte un chômage intense, qui est une des causes principales des grèves. Aussi, pour le supprimer, les patrons s'engagent à faire travailler les ouvriers syndiqués. Pour éviter la rupture violente des rapports entre propriétaires et ouvriers, une commission mixte établit chaque année un tarif des salaires ; et pour retenir

_______

1. Rapport de M. Duvergier de Hauranne au Congrès de Périgueux, p. 17-18.

les ouvriers daus le syndicat, on créé une société de secours mutuels et de retraites.

Des syndicats mixtes se sont fondés sur ces bases à Portel, Pouzols, Vintenac, Oupia, Saint-Hilaire, Villegly, Fabrizan, Ferrals, Puichéric, Azille, Saint-Saturnin, etc. Il y en a plus d'une centaine dans le Midi. Leur développement a certainement porté atteinte aux syndicats rouges dont il a activé le déclin.

Le 1er en date est celui de Castelnaudary qui, sur 1.600 membres, comprend 1.100 ouvriers. Il solutionne les conflits par l'arbitrage, a une caisse de retraites viagères.

Puis s'est fondé le syndicat agricole de l'arrondissement de Béziers, qui se compose de plus de 50 groupes communaux autonomes, mais à statuts uniformes et dont il constitue la Fédération. Le chômage est évité au moyen de l'inscription des sans-travail sur un registre. Ils sont employés à tour de rôle par les propriétaires. Une commission élabore chaque année les tarifs.

A Saint-Couat, dans l'Aude (arrondissement de Narbonne), le syndicat est administré par un conseil composé de cinq ouvriers et de cinq patrons. Les propriétaires doivent employer à tour de rôle les ouvriers sans travail. Le syndicat garantit un salaire minimum aux ouvriers syndiqués. Les femmes enceintes touchent pendant trois mois un secours quotidien de o fr. 75. Pendant les grands travaux il y a une garderie d'enfants. Ce syndicat a lutté victorieusement contre le syndicat rouge. Pendant la grève de 1904, pour faire respecter le liberté du travail, il y a eu des patrouilles organisées par le syndicat mixte (1).

Le syndicat de Tourouzelle peut, à juste titre, être pris comme modèle de ces syndicats mixtes. Il convient d'en analyser les statuts. Les propriétaires de fonds ruraux, les fermiers et régisseurs, les domestiques à gages, les métayers, les ouvriers travaillant régulièrement une partie de l'année chez les mêmes propriétaires, peuvent faire partie du syndicat. Pour être admis, il faut être présenté par deux adhérents, *être Français*, âgé de seize ans et *ne faire partie d'aucun autre syndicat* dans la commune. Tout sociétaire verse une cotisatian mensuelle de o fr. 10 s'il est ouvrier, une cotisation annuelle de o fr. 5o par hectare s'il est propriétaire. Celui qui possède moins d'un hectare est considéré comme ouvrier. Néanmoins le propriétaire possédant de 1 à 3 hectares peut être considéré comme membre ouvrier, s'il le demande, et à condition de verser les deux cotisations. Le syndicat a pour but de contribuer à l'amélioration de la condition économique de ses membres, en réglant dans les meilleurs conditions possibles les rapports entre les patrons et

---

1. M. Bouffet croit à l'avenir de ces syndicats. (Rapport au Congrès de Périgueux sur les Syndicats mixtes du Midi).

les ouvriers, — de préparer et d'étudier les moyens soit de créer, soit de soutenir éventuellement les œuvres économiques susceptibles d'améliorer la situation de ses membres et de leurs familles, — de secourir en cas de maladie ou d'accident les membres nécessiteux proportionnellement aux ressources du syndicat.

L'administration en est confiée à un bureau (président, vice-président, secrétaire, trésorier). Une commission, dite Chambre syndicale, nommée pour trois ans par l'assemblée générale, et composée de six membres, élus obligatoirement moitié parmi les ouvriers, moitié parmi les patrons, contrôle les actes du bureau, et se réunit d'urgence dans les cas graves, tels que grèves et atteintes à la liberté du travail. Elle revise périodiquement ou quand le besoin s'en fait sentir le taux des salaires et les conditions du travail, en tenant compte des facteurs économiques qui les dominent. Elle règle par voie de conciliation d'abord, par voie d'arbitrage ensuite, toús les différends qui s'élèvent sur les conditions du travail ou le taux des salaires entre les patrons et les ouvriers faisant partie du syndicat. Relativement à ces deux objets, les décisions de la Chambre syndicale sont obligatoires pour tous les membres du syndicat. En cas de conflit par suite d'une division égale des voix, la question est réglée par arbitrage.

Les propriétaires syndiqués s'engagent à occuper

de préférence les ouvriers faisant partie de leur syndicat. Les ouvriers syndiqués s'engagent à travailler de préférence chez les propriétaires faisant partie de leur syndicat.

La question du chômage est solutionnée. Les propriétaires syndiqués s'engagent à fournir du travail à tous les ouvriers de leur syndicat qui se trouveront en état de chômage, au tarif des ouvriers occupés par eux, sauf le cas où le chômage serait occasionné par la pluie ou la force majeure. Ne pourra être considéré en état de chômage l'ouvrier qui aura la possibilité de travailler sur les chantiers communaux, ou qui, par sa faute personnelle ou mauvaise volonté, se mettrait dans le cas de ne plus pouvoir être occupé par les propriétaires. En pareil cas, la Chambre syndicale appellera devant elle l'ouvrier et le propriétaire, et, après les avoir entendus contradictoirement, statuera en dernier ressort. Le secrétaire du syndicat tient un registre sur lequel sont consignées, par ordre de date, les offres et les demandes d'emploi. Un roulement est établi entre les propriétaires syndiqués, afin que chacun puisse occuper à son tour, et suivant l'importance de la propriété, les ouvriers syndiqués momentanément sans travail. La base de roulement est une journée par 5 hectares.

Enfin le syndicat se fait fort de protéger le droit au travail : art. 17. — « Les membres du syndicat, ouvriers et patrons, se devront mutuellement assistance dans le cas où il serait porté atteinte à la liberté du travail, *et devront répondre à l'appel du Prési-dent pour faire respecter leurs droits.* Toute atteinte à la liberté du travail sera constatée par témoins et fera l'objet d'une plainte transmise au Procureur de la République, qui sera requis de faire appliquer aux délinquants, par le tribunal, les dispositions des articles 414 et 415 du Code pénal. »

*
* *

En dehors du syndicat mixte qui s'est développé dans l'agriculture, on a utilisé, dans la lutte contre les syndicats rouges, la participation aux bénéfices et le métayage. Ce sont là deux contrats qui asso-cient l'ouvrier à la prospérité de l'exploitation et l'encouragent dans la voie du progrès.

La Fédération Nationale des Jaunes de France a publié un modèle de contrat de participation qui sera probablement suivi par les propriétaires qui désireront faire l'application de ce système.

Les ouvriers, dit en substance ce contrat, qui tra-vaillent à demeure dans la ferme, c'est-à-dire les charretiers, bouviers, bergers, ainsi que les ouvriers journaliers et bûcherons travaillant à l'année, seront seuls admis aux bénéfices de l'exploitation. Ils pour-ront, pour une durée de dix ans, souscrire un cin-quième, soit 20 o/o du capital engagé tel qu'il sera évalué par experts, et quelle que soit par la suite l'augmentation ou la diminution de ce capital suivant que l'exploitation sera étendue ou restreinte.

Les ouvriers parmi ceux ci-dessus nommés pourront, s'ils adhèrent au contrat, souscrire des parts de participation de collaborateurs qui seront émises au capital nominal de 100 francs et pourront être par eux libérées au fur et à mesure de leurs économies ou par prélèvement sur leurs salaires. Les versements ne pourront pas être inférieurs à 25 francs, ils seront faits au propriétaire qui en délivrera des reçus extraits d'un registre à souche, et lorsqu'un ouvrier aura acquitté une part entière, il lui sera délivré un titre nominatif représentatif de cette part.

*Ces parts ne donneront aucun droit à la direction de l'entreprise qui appartiendra exclusivement au propriétaire ;* mais elles seront au fur et à mesure de chaque versement productives d'intérêts à 4 o/o payables tous les 1er janvier. Elles donneront en outre droit à une quote-part dans les bénéfices.

Pour établir ces bénéfices, il faut déduire les frais généraux. Ceux-ci comprennent tout d'abord la part du fermier dans l'exploitation, c'est-à-dire l'intérêt à 4 o/o du capital par lui engagé, plus un salaire de 300 francs par mois, plus le salaire d'un chef de culture qu'il pourra s'adjoindre. Sont encore compris dans les frais généraux les intérêts des parts ouvrières, les salaires des ouvriers, le paiement du fermage, les impôts, l'entretien et l'acquisition du matériel, la nourriture des animaux, l'assurance du personnel, des bâtiments, du bétail et des récoltes, l'achat des engrais, les ensemencements à faire. Ces frais généraux déduits, les bénéfices nets seront constitués par le produit de l'exploitation au 31 décembre de chaque année.

Sur ce produit il sera prélevé 5 o/o pour constituer une réserve destinée à faire face aux éventualités et qui appartiendra à tous les participants dans la proportion de leurs droits.

Une partie de cette réserve pourra aussi être employée en livrets de caisse de retraites pour la vieillesse, ou servir à la constitution d'une caisse de secours mutuels pour les participants et leurs familles contre la maladie, en cas de décès, etc.

*Le surplus des bénéfices nets sera réparti entre le propriétaire et les participants proportionnellement aux droits de chacun.*

*Si l'exploitation donne des pertes au lieu de bénéfices, elles seront prises sur la réserve, puis supportées proportionnellement par les participants.*

Les parts sont insaisissables; leur cession n'est permise qu'entre les titulaires de parts et interdite à toute personne étrangère à l'exploitation.

Si un titulaire veut s'en dessaisir, il sera tenu d'aviser le gérant qui portera le fait à la connaissance des autres titulaires. Ceux-ci auront huit jours pour se déclarer preneurs : le plus offrant aura la préférence. Faute par les autres titulaires de s'en être rendus acquéreurs, le propriétaire sera tenu de reprendre les parts ainsi offertes, après leur valeur en inventaire. En cas de décès d'un titulaire, ses héritiers peuvent conserver la part de leur auteur, si l'un d'entre eux est admis à occuper dans l'exploitation la place du défunt.

Si un ouvrier part de son plein gré, il sera tenu de céder sa ou ses parts dans les mêmes conditions.

*Au cas où par sa conduite un participant obligerait le propriétaire à le renvoyer, il serait immédiatement par celui-ci remboursé de ses droits de participant en principal et intérêts, mais perdrait tout droit tant aux bénéfices de l'année courante qu'aux avantages résultant pour lui de la constitution de la réserve.*

Les cessions auront lieu au moyen d'un transfert inscrit sur un registre où seront relatées aussi les décisions intéressant la participation. Le transfert sera signé du cédant ou de ses héritiers, du cessionnaire, du gérant et inscrit au bas du titre.

Au cas de départ ou de renvoi d'un ouvrier et de refus par lui de signer la cession, son titre sera annulé suivant décision du gérant et des délégués, laquelle sera inscrite sur le registre du transfert et lui sera notifié.

*Les titulaires de parts délégueront deux d'entre eux*

*qui seront chargés de discuter et traiter avec le gérant toutes les opérations intéressant les partici- pants (en dehors de la gestion de l'exploitation confiée exclusivement au propriétaire) et notamment toutes les questions relatives à l'établissement des comptes.* C'est également à eux que le gérant fera connaître les résultats de l'exercice annuel et avec eux qu'il arrêtera le chiffre des bénéfices revenant à chaque part ainsi que l'emploi de la réserve, comme aussi le chiffre des pertes et la diminution de valeur en résul- tant pour chaque part. En cas de désaccord, la ques- tion sera réglée par un arbitrage dont les frais ren- treront dans les frais généraux de l'exploitation.

La participation prendra fin et sera en conséquence liquidée dans les circonstances suivantes :

*a)* A l'expiration du délai de dix ans ;

*b)* Au décès du propriétaire, à moins que ses héri- tiers ne consentent à rester dans le *statu quo.*

*c)* Au cas où, pour une raison quelconque, le pro- priétaire serait amené à céder son exploitation ; mais son cessionnaire serait en droit de se substituer à lui dans le contrat de participation.

La liquidation de la participation se fera au moyen d'une expertise contradictoire qui fixera alors la valeur du capital d'exploitation, comme elle l'aura fixée à l'origine de la participation. La valeur réelle des parts sera déterminée par cette évaluation, et c'est celle que le propriétaire, son héritier, ou son cessionnaire sera tenu de rembourser aux participants avec la part proportionnelle leur revenant dans la réserve.

Ce contrat présente des imperfections, et tous les ouvriers ne l'accepteront pas avec enthousiasme. Les pertes de l'exploitation sont subies par les participants alors qu'ils n'ont aucun droit à la gestion et à la direction de l'entreprise. Il est dit encore qu'au cas où, par sa conduite, un participant obligerait le propriétaire à le renvoyer, il perdait tout droit tant aux bénéfices de l'année courante qu'au fonds de réserve. Mais qui sera juge ? n'y a t-il pas à craindre l'injustice du propriétaire ? C'est évidemment la porte ouverte à l'arbitraire, et une atteinte portée aux droits acquis. Enfin, on pourrait encore prétendre que la part des bénéfices est trop minime pour les ouvriers et que le contrôle de la comptabilité est insuffisant.

Il serait à souhaiter néanmoins qu'il se répande dans les campagnes où il pourrait contribuer à rétablir la confiance mutuelle et la solidarité. La participation aux bénéfices est appliquée dans quelques exploitations rurales. Elle existe depuis 1892 dans le domaine des Grésy, près de Fronsac (Gironde). La comptabilité est facile dans ce domaine qui est une exploitation de vignobles où il n'y a pas d'autre source de bénéfices que la vente du vin. A l'exception des vendangeurs, les ouvriers sont tous les collaborateurs du propriétaire et y prennent 15 o/o des bénéfices. Dans le domaine de la Maison-Neuve près Savignac-Lédrier (Dordogne), M. Lachaud divise ses bénéfices en trois parts dont une lui revient personnellement, une autre est attribuée à son chef de culture, et la troisième à ses 9 domestiques. La participation est encore appliquée par M. Maurice Hervey à Notre-Dame-du-Vaudreuil (Eure).

Mais il ne faudrait pas croire qu'elle est destinée à un très grand avenir dans l'agriculture. Elle ne peut pas en effet s'appliquer aux journaliers ou travailleurs occasionnels, et ce sont précisément ceux-ci qui se mettent le plus facilement en grève. De plus la variété des cultures, l'aléa de la vente des produits, l'arbitraire des estimations rendent l'organisation d'une comptabilité très difficile.

Certains économistes ont préconisé le retour au métayage. Des essais ont été tentés dans la viticulture languedocienne, notamment chez M. Pierre Causse, propriétaire du Gard, dans sa ferme du Mas de Bourg (1). Le métayer travaille la vigne, ramasse les raisins. Il transporte ensuite la vendange dans le cellier du propriétaire, il reçoit le tiers du prix du vin pour sa rémunération. Le propriétaire supporte tous

---

1. Ch. Gide. Un nouveau système de métayage dans la viticulture. (*Musée social*, annales 1905, p. 87.)

les frais généraux : traitement de la vigne contre le mildiou, fumures ou engrais. En revanche, il garde pour lui les deux tiers de la récolte. Ce système de culture donne au métayer une rémunération plus forte, cependant son salaire est très variable, et a à subir tous les risques de la récolte.

Le propriétaire par contre y trouve un avantage nouveau. Tout en conservant les bénéfices qu'il obtenait dans le faire-valoir direct, c'est pour lui une sorte d'assurance contre les réclamations de ses ouvriers, qu'il élève de la condition de salariés à celle de producteurs quasi-indépendants.

Mais ce système de métayage prend encore trop soin des intérêts patronaux pour pouvoir être accueilli favorablement par les ouvriers. C'est encore trop un *modus vivendi* entre le propriétaire et les ouvriers. Le métayage peut être un excellent contrat, mais il faut que le métayer y soit vraiment un associé du propriétaire, et que son travail y soit apprécié au même titre que le capital foncier fourni par ce dernier ; il faut autrement dit que les bénéfices soient équitablement répartis, et que si les risques de perte sont égales, les chances de gain le soient aussi. Le métayage tel que nous le concevons existe depuis longtemps dans la région viticole de l'Allier (Chantelle, Saint-Pourçain). Les frais généraux sont supportés par le propriétaire. Le métayer travaille la vigne, fait la vendange, mais la récolte se divise en deux parts très égales, et le métayer vend sa part dans les conditions qui lui paraissent les plus favorables. Les propriétaires du Midi n'ont donc rien innové en essayant d'introduire le métayage chez eux, puisqu'il existait dans l'Allier depuis très longtemps et avec des conditions bien plus avantageuses pour les métayers. Il faut bien dire d'ailleurs qu'avec la reconstitution des vignobles après la crise phylloxérique et le rendement supérieur des cépages utilisés, les propriétaires du Bourbonnais se sont aperçus de l'avantage qu'il y avait pour eux à pratiquer le faire-valoir qui leur donne de plus gros bénéfices, et le métayage devient de plus en plus rare dans la région viticole de l'Allier.

On peut se demander d'ailleurs si le métayage arrêterait le mouvement syndical. Pourquoi les ouvriers se trouveraient-ils subitement les mains liées, parce qu'ils sont devenus métayers, c'est-à-dire en quelque sorte des associés du capital ? Ne peuvent-ils pas encore être des associés mécontents de la part qui leur est donnée dans les bénéfices, et ne peuvent-ils pas se syndiquer, se coaliser, pour essayer de l'augmenter ? Nous en avons une preuve éclatante dans la région bourbonnaise, où les métayers ont constitué depuis deux ans près de 40 syndicats.

# CONCLUSION

Le syndicalisme a fait son apparition depuis quelques années dans le prolétariat du sol. Successivement il a gagné toutes les corporations du monde
rural. Né sous l'empire de causes économiques chez
les bûcherons en 1891, il s'est surtout développé
depuis 1900, sous l'action des Bourses du Travail et
du socialisme. Les ouvriers viticoles du Midi, les
résiniers des Landes, les métayers du Bourbonnais,
les feuillardiers de la Haute-Vienne, les ouvriers
agricoles du Nord, les jardiniers ont vu naître au
sein de leurs corporations respectives des syndicats, — qui n'ont rien de commun avec ce que l'on
appelle *syndicats agricoles* —, dont l'idéal est de
poursuivre l'émancipation des travailleurs par les
travailleurs eux-mêmes. Nous avons vu les résultats obtenus, les améliorations de salaires qui ont
été la conséquence inévitable des grèves.

Mais quel est l'avenir de ce mouvement social ?
La Fédération du Midi a compté à son heure de prospérité 1.500 adhérents. Elle n'a plus aujourd'hui que

1.800 membres cotisants. Faut-il croire à sa fin prochaine ? La Fédération du Nord groupe 4.000 ouvriers ; la Fédération bûcheronne 6.200, celle des résiniers 3.500. Au total. il y a actuellement 320 à 350 syndicats ouvriers et 20 à 23.000 syndiqués cotisants. Ce sont là des chiffres assez faibles relativement à ce qu'est la population ouvrière de l'agriculture.

Mais il serait dangereux d'en conclure que le mouvement syndical est condamné à l'impuissance dans le monde agricole.

Aujourd'hui ce syndicalisme du prolétariat rural est construit sur le même type que le syndicalisme du prolétariat industriel. Il a les mêmes tendances, les mêmes aspirations. Ses dirigeants ne cherchent pas seulement l'amélioration des conditions matérielles de la vie, ils veulent aussi faire l'éducation politique des paysans, et amener la transformation complète de notre régime économique.

Ces tendances sociales des syndicats *rouges* expliquent en partie la difficulté qu'il y a de les combattre.

Les propriétaires du Midi ont essayé d'enrayer le mouvement en créant des syndicats *mixtes*. Ces associations d'un genre nouveau ont permis de réunir dans le même groupement patrons et ouvriers. Puisque le capital et le travail sont en conflit, ils s'aborderont franchement, feront valoir réciproquement leurs droits et soumettront leurs litiges à une commission d'arbitrage qui établira sans appel le taux des salaires. D'autre part, puisque le chômage existe à l'état endémique dans l'agriculture, les patrons affiliés au syndicat mixte se feront un devoir de venir en aide aux ouvriers de leur association et occuperont successivement, suivant un tour établi, les sans-travail. Ces syndicats réalisent un type nouveau, inconnu dans l'industrie. Une tentative de ce genre vient cependant d'y être faite au cours de la grève du bâtiment (avril 1908). La Chambre syndicale des entrepreneurs de maçonnerie a proposé aux ouvriers une *union* analogue aux syndicats mixtes de l'agriculture. Cette *union*, tout en maintenant l'autorité du chef de l'entreprise dans la direction du travail, garantirait aux maçons un minimum de salaire basé sur un minimum d'heures de travail assuré. Les entrepreneurs accepteraient, en outre, la formation d'une commission d'arbitrage qui aplanirait par voie de conciliation les différends qui surgiraient entre les associés. Les patrons s'engageraient à ne faire travailler que les membres de l'*Union*. Ainsi la question du chômage et la question du salaire se trouveraient réglées. Mais il n'y a là qu'un projet dont la réalisation est encore très incertaine.

L'industrie ne connaît pas le syndicat mixte, et il faut dire qu'il s'est assez peu répandu dans l'agriculture. A part la région du Languedoc où il en existe une centaine, on ne le rencontre que bien rarement dans les autres corporations rurales ; il ne paraît pas destiné à s'y développer.

Dans ces conditions, les conflits surgiront encore entre ouvriers et propriétaires. Les exigences des associations ouvrières se heurteront à la résistance des associations patronales. Il y aura de nouvelles grèves qui développeront le syndicalisme, et qui amèneront dans l'agriculture l'utilisation de plus en plus fréquente du *contrat collectif*. Au lieu de conclure des conventions qui ne sont acceptées par les propriétaires que sous la contrainte, et présentées par les ouvriers pour une durée trop incertaine, il serait à souhaiter que les associations rivales concluent de véritables contrats collectifs pour une durée précise, et que patrons et ouvriers se fassent un devoir de les respecter.

# BIBLIOGRAPHIE


### Bibliographie générale

Annuaire des syndicats professionnels. Berger-Levrault, pub.
de la dir. du travail.

Statistique des grèves et des recours à la conciliation et à l'arbitrage, 1890-1907. Berger-Levrault, pub. de la
dir. du travail.

Bulletin de l'Office du Travail. 1907-1908.

Le travailleur de la terre, organe mensuel de l'Union Fédérative
Terrienne, n°s de juin 1907 à avril 1908.

*Rocquigny* (Cte de). — Le prolétariat rural en Italie ; ligues et
grèves de paysans. Paris, Rousseau 1904.


### Bûcherons et Feuillardiers

*Corbier* (Pol de). — Les feuillardiers du Limousin et leurs
syndicats. Paris, thèse 1907.

*Roblin* (L.-H.). — Les bûcherons du Cher et de la Nièvre.
Leurs syndicats. Paris, thèse 1903.

*Lafont*. — Le IIe congrès national des bûcherons. Le Mouvement socialiste, 15 novembre 1903.

*Roblin* (L.-H.). — Les syndicats ruraux du Cher et de la Nièvre, 1899 à 1903. Le Mouvement socialiste, 15 août 1903.

*Mauger*. — La Fédération nationale des bûcherons. Le Mouvement socialiste, 1<sup>er</sup> décembre et 15 novembre 1904.

*Roblin* (L.-H.). — Les grèves des bûcherons du Cher en 1891-1892. Pages libres, 10 octobre 1903, p. 297.

— Le mouvement bûcheron. Revue socialiste, 1903, t. II, p. 712.

*Olivier* (M.). — Les bûcherons du Cher et de la Nièvre. Le Mouvement socialiste, 15 février 1904.

*Veuillat* (D.). — Le IV<sup>e</sup> congrès des bûcherons. Le Mouvement socialiste, 15 janvier 1906.

*Bornet* (J.). — L'organisation syndicale chez les bûcherons. Le Mouvement socialiste, 15 novembre 1906.

— Le VI<sup>e</sup> congrès de la Fédération des bûcherons. Le Mouvement socialiste, 15 février 1908.

Les Associations Professionnelles Ouvrières. T. I.

Le Bûcheron. — Organe mensuel de la Fédération Nationale des Bûcherons. 20 février 1906-20 mai 1907.

Travailleurs agricoles du Midi

*Passama*. — Condition des ouvriers viticoles dans le Minervois. Paris, thèse, 1906.

*Augé-Laribé*. — Le problème agraire du socialisme et la viticulture industrielle du Midi de la France. Bibliothèque socialiste internationale. Giard et Brière. Paris, 1907.

Brochure du I<sup>er</sup> Congrès national des travailleurs agricoles. Impr. Perdraut. Béziers, 1903.

Brochure du IIe Congrès. — Impr. Boulet. Narbonne, 1904.

Brochure du IIIe Congrès. — Imp. Muller. Perpignan, 1906.

Brochure du IVe Congrès. — Paris, 1906. Maison des Fédérations. Service de l'imprimerie.

Brochure du Ve Congrès. — Bourges, 1908. Impr. ouv. du Centre.

*Olivier*. — Le Ier Congrès des travailleurs de la terre. Le Mouvement socialiste, 15 novembre 1903.

*Augé-Laribé*. — Les syndicats des ouvriers viticoles du Languedoc. Musée social. Mémoires et documents, 1903, n° 9.

— Les résultats des grèves agricoles dans le Midi de la France. Musée social. Mémoires et documents, décembre 1904.

*Cathala* (Elie). — Un village coopératif : Maraussan. Le Mouvement socialiste, 15 décembre 1904.

*Augé-Laribé*. — Grèves et syndicats de paysans. Pages libres, 10 décembre 1904.

— Les grèves agricoles dans le Midi. Revue politique et parlementaire, 10 juin 1904.

*Ader* (Paul). — L'organisation rurale dans le Midi viticole. Le mouvement socialiste, 15 décembre 1904.

*Prévôt* (G.-E.). — Les récents mouvements agraires dans le Midi de la France. Revue socialiste, 1904, t. I, p. 533.

— Le socialisme aux champs. Revue socialiste, 1904, t. II, p. 68, 313, 390.

*Ader* (Paul). — La grève générale des travailleurs agricoles. Le Mouvement socialiste, 15 janvier 1905.

*Augé-Laribé*. — Les coopératives paysannes et socialistes  de Maraussan.  Musée  social.  Mémoires et documents, mars 1907.

*Séverac*. — La viticulture industrielle du Midi de la France. Le Mouvement socialiste, juin 1907.

*Augé-Laribé*. — La crise viticole. Pages libres, 1er juin 1907.

*Guillemin* (*X*.). — La production agricole et l'action coopérative socialiste. Revue socialiste, 1906.

*Séverac*. — Le IVe Congrès des travailleurs de la terre. Le Mouvement socialiste, mars 1907.

*Gervais* (Henri). — La rémunération du travail dans la viticulture méridionale. Paris, Rousseau, 1908.

Le Paysan, journal mensuel de la Fédération du Midi, mai 1905-décembre 1906.

Le Manuel du Paysan. Paris, 1905. Imp. l'Émancipatria.

## JARDINIERS

Brochure des Ier et IIe Congrès horticoles. Puteaux, 1905. Imp. la cootypographie.

*Prévôt* (*G. E*). — La grève des jardiniers de Lyon. Revue socialiste, 1905, t. II, p. 74-80.

*Bled* (J.). — La Fédération ouvrière horticole de France. Le Mouvement socialiste, juin 1907.

— Le IVe Congrès de la Fédération horticole. Le Mouvement socialiste, 15 février 1908.

L'ouvrier horticole, organe mensuel de la Fédération horticole, mai 1905-octobre 1906.

### Ouvriers agricoles du Nord

*Bled* (J.).— Le mouvement des ouvriers de la Brie. Le Mouvement socialiste, février 1907.

*Vernant* (J.).— Le mouvement ouvrier en Seine-et-Marne. Almanach du père Jérome, 1907. Provins.

Le Briard, journal de Seine-et Marne. Années 1906-1907.

L'Oise-Mutualiste, organe bi-mensuel de la région de Crépy-en-Valois.

### Résiniers

*Griffuelhes* (V.).— Le mouvement des ouvriers résiniers des Landes. Le Mouvement socialiste, juin 1907.

Le Républicain landais, journal de la région du sud-ouest. Mont-de-Marsan, années 1906-1907.

Les Temps Nouveaux, n° du 11 mai 1907.

L'Autorité, nᵒˢ du mois d'avril 1907.

### Métayers et Colons

Bulletin officiel de la Fédération Socialiste de Bretagne. Année 1905.

*Guillaumin* (Emile). — En Bourbonnais. Brochure éditée par Pages libres.

— Un syndicat de cultivateurs en Bourbonnais. Pages libres, 2 septembre 1905, p. 210.

*Halévy* (Daniel). — Lettres du Bourbonnais. Pages libres, 31 août 1907.

Brochure de propagande du syndicat de Bourbon-l'Archambault. Bourges 1905, Imp. ouv. du Centre.

Le Travailleur rural, organe de la Fédération Bourbonnaise, février 1906-1908.

Le Radical de l'Allier, nᵒˢ du 28 septembre 1906, du 30 septembre 1906.

### SYNDICATS MIXTES

*Duvergier de Hauranne.* — Les grèves agricoles et les syndicats mixtes. Rapport au Congrès National des syndicats agricoles, Périgueux, mai 1905.

*Cheysson.* — Rôle social des syndicats agricoles. Rapport au congrès d'Arras, p. 296.

*Augé-Laribé.* — Le problème agraire du socialisme et la viticulture industrielle du Midi de la France, déjà cité.

*Bouffet* (Félix). — Les syndicats mixtes dans la région des grèves de vignerons. Rapport au Congrès de Périgueux.

— Syndicats mixtes. Musée social. Annales, 1905, p. 137.

— Les grèves agricoles du Midi, leurs causes et leur remède. Séance du 16 juin 1905 à la Société d'économie sociale. Voir la Réforme sociale, 1905, p. 917.

Les Associations Professionnelles Ouvrières, t. I, p. 311 et s.

*Gide* (Charles). — Un nouveau système de métayage dans la viticulture. Musée social. Annales, mars 1905, p. 87.

L'Agriculteur bourbonnais, Moulins, années 1906, 1907.

Le Républicain landais, année 1906.

*Le Briard*, année 1906.

# TABLE DES MATIÈRES

## DEUXIÈME PARTIE

*Fonctionnement des Syndicats. — Leur action*



## TROISIÈME PARTIE

*Les Syndicats mixtes. — Comment on a
combattu les Syndicats rouges*



Imp. BONVALOT-JOUVE, 15, rue Racine, Paris.